少年知道

因数和因式

做数学的朋友：给孩子的数学四书

刘薰宇 著

少年知道

全世界都是你的课堂

名校无忧，精英教育通关宝典

名校入学考试，都有哪些意想不到的神题？从“少年知道”里寻找答案吧！秉承中外名校先进教育理念，精选中小学阅读指导书目，人大附中、清华附小等名校推荐必读书，致力于培养孩子的人文与科学素养。

自带学霸笔记，让学习更有效率

为什么读同一本书，学霸从书中学的更多？“少年知道”帮你总结学霸笔记！每本总结十个青少年必知必会的深度问题，可参与线上互动问答，内容复杂的图书更有独家思维导图详解。

拒绝枯燥，每本书都是一场有趣的知识旅行

全明星画师匠心手绘插图，从微观粒子到浩瀚星空，从生命起源到社会运转，寻幽探秘，上天入地，让全世界都成为你的课堂。

这些有趣的知识，你知道吗？

本书为了激发孩子的阅读兴趣，享受阅读，特别提供了以下资源服务：

微信扫码，趣味学知识

★本书音频 少年爱问互动问答，帮你巩固所学。
★阅读打卡 每天阅读打卡，辅助培养阅读好习惯。
★专属社群 入群与同学们分享你的读书心得与感悟。
★线上博物馆 你想去世界顶级博物馆里一探究竟吗？
★趣味实验室 你知道这些实验背后的原理吗？
★科学家故事 你认识那些改变世界的科学家吗？

少年爱问

因数和因式

1. 任意选一个数，你能猜出它是哪个或哪些数的倍数吗？

2. 你知道质数、合数、因数、质因数之间的关系吗？

3. 数学家说质数的数量是无限的，你能证明吗？

4. 如果把长 135 厘米、宽 105 厘米的纸裁成一样大的正方形（不许剩纸），你能裁多少块？

5. 如果把长 15 厘米、宽 12 厘米的长方形石板铺成正方形地面，最少需要几块石板？

6. 因数是一个一个的，因式是一组一组的，如果我们要分析因式，第一步该做什么？

7. 你听说过“杨辉三角”吗？

8. “三人同行七十稀，五树梅花廿一枝，七子团圆正半月，除百零五便得知。”这首诗讲的是什么原理？

9. 公因式和公倍式与公因数和公倍数，有什么异同？

引　子

因数和因式是初等代数的重要组成部分，掌握因式的变化规则才能计算复杂的方程式。本书 10 个章节由浅入深地讲解了析因数和析因式的方法，每种解法都通过例题展现，力求帮助读者快速理解、熟练运用。由于本书缺少叙述性语言，章节跨度大，具有一定的阅读难度，建议初中及以上学生学习。

a^n-b^n
a^3-b^3
a^2-

目录

2 | 12 18
3 | 6 9
2 3
最大公约数
2×3=6

1 因数

1.【自然数列】假若我们把0也作为一个数看，那么，从0起，依次加1上去，就可以得出有头无尾的一串数：

0，1，2，3，4，…，10，…，20，…，100，…，1000，…

这一串数就叫作**自然数列**.

2.【约数和倍数】在自然数列中，如2，3，4，6都可以除尽12，我们就说2，3，4，6是12的**约数**. 反过来，12就叫作2，3，4，6的**倍数**.

一般来说，甲数能除尽乙数，甲数就是乙数的约数，而乙数就是甲数的倍数，如11能除尽143，11就是143的约数，而143就是11的倍数.

在这点，我们应当注意在自然数列中：

（1）1是任何数的约数，因为用它除什么数都可以除尽.

（2）0是任何数的倍数，因为除0本身以外，什么数去除0就得0，并没有余数，就是除尽.

3.【倍数的基本性质】我们很容易推得下面的两个性质：

45是5的倍数，25也是5的倍数.

$$45+25=70 \text{ 和 } 45-25=20,$$

我们知道70和20也是5的倍数. 这就是说：

一个数的两个倍数的和或两个倍数的差，还是它的倍数.

这是可以从乘法的分配定律说明的.

因为 $45=9\times5$ 和 $25=5\times5$,

所以 $45+25=9\times5+5\times5=(9+5)\times5=14\times5$,

和 $45-25=9\times5-5\times5=(9-5)\times5=4\times5$.

45 是 5 的倍数，18 不是 5 的倍数.

$$45+18=63 \text{ 和 } 45-18=27,$$

我们知道 63 和 27 都不是 5 的倍数. 这就是说：

一个数的倍数加上或减去一个不是它的倍数的数，和或差就不是它的倍数.

4.【2 的倍数】用 2 除得尽的数叫作**偶数**，用 2 除不尽的数叫作**奇数**. 在自然数列中，奇数同偶数是相互交替的. 1 是奇数，2 是偶数，3 是奇数，4 是偶数……由此我们把 0 看成偶数.

20 是 2 个 10 的和，150 是 15 个 10 的和. 而 10 是 2 的倍数，所以 20 和 150 都是 2 的倍数. 这就是说：

末位是 0 的数都是 2 的倍数.

$$34=30+4 \text{ 和 } 256=250+6.$$

两个式子右边的第一个数都是 2 的倍数，而第二个数也是 2 的倍数，所以它们的和也是 2 的倍数，这就是说：

末位是偶数的数都是 2 的倍数.

反过来，187=180+7，第一个数是2的倍数，而第二个数却不是2的倍数，所以 187 便不是 2 的倍数. 这就是说：

末位是奇数的数都不是 2 的倍数.

5.【4 的倍数】$100=25\times4$，100 是 4 的倍数，$1300=13\times100$，就是 13 个 100，也就是 13 个 4 的倍数的和，所以也是 4 的倍数，这就是说：

末两位是 0 的数都是 4 的倍数.

$3124=3100+24$ 和 $2576=2500+76$.

两个式子右边的第一个数都是 4 的倍数，第二个数 24 和 76 也是 4 的倍数. 所以它们的和 3124 和 2576 也是 4 的倍数，这就是说：

末两位是 4 的倍数的数都是 4 的倍数.

相反，**末两位不是 4 的倍数的数都不是 4 的倍数**.

同样，我们还可以推得：

末三位是 0 或 8 的倍数的数都是 8 的倍数.

相反，**末三位不是 8 的倍数的数都不是 8 的倍数**.

6.【5 和 10 的倍数】末位是 0 的数都可以看成是若干个 10 的和. 30 是 3 个 10 的和，170 是 17 个 10 的和. 而 10 是 5 和 10 的倍数. 这就是说：

末位是 0 的数都是 5 和 10 的倍数.

$45=40+5$ 和 $1035=1030+5$.

两个式子右边的第一个数都是 5 的倍数，第二个数也是 5 的倍数.

所以它们的和 45 和 1035 都是 5 的倍数. 这就是说：

末位是 0 或 5 的数都是 5 的倍数.

相反，**末位不是 0 或 5 的数都不是 5 的倍数**.

同样，我们还可以推得：

末两位是 0 或 25，50，75 的数都是 25 的倍数.

末三位是 0 或 125，250，375，500，625，750，875(125 的倍数)的数都是 125 的倍数.

7.【3 和 9 的倍数】我们先观察一下：

$9\div3=3$， $9\div9=1$；

$99\div3=33$， $99\div9=11$；

$999\div3=333$， $999\div9=111$.

就是只用 9 这一个数字组成的数都是 3 和 9 的倍数.

现在我们再来看：

$$36=30+6=10\times3+6=(9+1)\times3+6=9\times3+(3+6),$$

$$135=100+30+5=(99+1)\times1+(9+1)\times3+5,$$

$$=(99\times1+9\times3)\ +(1+3+5),$$

$$2601=2000+600+1=(999+1)\times2+(99+1)\times6+1$$

$$=(999\times2+99\times6)\ +(2+6+1).$$

最后等式右边的第一个数都是 9 的倍数，第二个数也都是 9 的倍数．所以它们的和 36，135，2601 都是 9 的倍数．

把最后等式右边的第二个数来和原数对照一下，我们可以看出来，它们就是原数的“各位数字的和”．这就是说：

一个数的各位数字的和是 9 的倍数，它就是 9 的倍数．

自然，这也可以用到 3．

一个数的各位数字的和是 3 的倍数，它就是 3 的倍数．

9 是 3 的倍数，所以 9 的倍数都是 3 的倍数，上面的 36，135，2601 都是 3 的倍数．但 3 的倍数不一定就是 9 的倍数，如 3，6，12，15…所以一个数的各位数字的和若只是 3 的倍数而不是 9 的倍数，它就只是 3 的倍数而不是 9 的倍数．

8.【11 的倍数】我们先观察一下：

$$1=1,\ 10=11-1,\ 100=9\times11+1,$$

$$1000=91\times11-1,\ 10000=909\times11+1,$$

…

$$869=800+60+9=100\times8+10\times6+9$$

$$=(9\times11+1)\times8+(11-1)\times6+9$$

$$=(9\times11\times8+11\times6)\ +(8-6+9),$$

$$3553=1000\times3+100\times5+10\times5+3$$

$$=(91\times11-1)\times3+(9\times11+1)\times5+(11-1)\times5+3$$

$$=(91\times11\times3+9\times11\times5+11\times5)\ +(\ -3+5-5+3),$$

$$
\begin{aligned}
23419 &= 10000\times 2 + 1000\times 3 + 100\times 4 + 10\times 1 + 9 \\
&= (909\times 11 + 1)\times 2 + (91\times 11 - 1)\times 3 + (9\times 11 + 1) \\
&\quad \times 4 + (11 - 1)\times 1 + 9 \\
&= (909\times 11\times 2 + 91\times 11\times 3 + 9\times 11\times 4 + 11\times 1) \\
&\quad + (2 - 3 + 4 - 1 + 9).
\end{aligned}
$$

上面三个式子告诉我们，最后等式右边的第一个数都是 11 的倍数．所以原数是不是11的倍数就要看它最后等式右边的第二个数是不是11的倍数．

我们来仔细地看看这些第二个数．同原数对比，它们都是奇数位数的数字在“+”，偶数位数的数字在“－”．

$8 - 6 + 9 = (8 + 9) - 6 = 11$,

$-3 + 5 - 5 + 3 = (5 + 3) - (3 + 5) = 0$,

$2 - 3 + 4 - 1 + 9 = (2 + 4 + 9) - (3 + 1) = 11$.

它们是 0 或 11 的倍数．所以原数也就是 11 的倍数．这就是说：

一个数的奇位数字的和同它的偶位数字的和相减所得的差若是 0 或 11 的倍数，它就是 11 的倍数.

$869 = 79\times 11$，$3553 = 323\times 11$，$23419 = 2129\times 11$.

2 质数

9.【质数和合数】在自然数列中，如 2，3，5，7，11…这些数，只有 1 和它本身可以除尽它，这种数我们叫作**质数**. 另外如 4，6，8，9，10…这些数，除了 1 和它本身，还有别的数可以除尽它，如 2 可以除尽 4，6，8，10…，3 可以除尽 6，9…，这种数我们叫作**合数**.

照这个说法，0 可以看成合数，但 1 既不是合数，我们也不把它看成质数. 因此，自然数列中的数可分成三类：

（1）单倍数，就是 1，只有一个.

（2）质数，个数是无限的.

（3）合数，个数是无限的. 因为一个合数即如 4，我们无论用什么数去乘它得出来的都是合数. 质数用 1 以外的数去乘它也得出合数，如 $3\times2=6$，$3\times7=21$…

10.【判定质数的方法】判定什么数是质数，这有两种说法：（1）从 1 起到某一个数（比如 100），哪些数是质数？（2）任意提出一个数来，怎样判定它是不是质数？下面我们来分别加以说明.

（1）从 1 起到某一个数（比如 100），哪些数是质数？

解决这个问题，我们可以用列举法，像下面所做的：

[1]	2	3	4	5	6	7	8	9	10	11	12
13	14	15	16	17	18	19	20	21	22	23	24
25	26	27	28	29	30	31	32	33	34	35	36
37	38	39	40	41	42	43	44	45	46	47	48
49	50	51	52	53	54	55	56	57	58	59	60
61	62	63	64	65	66	67	68	69	70	71	72
73	74	75	76	77	78	79	80	81	82	83	84
85	86	87	88	89	90	91	92	93	94	95	96
97	98	99	100								

把一百个数顺次列出来．从 2 的下一个数 3 起，两个两个地数，数到的数都划掉（表上画在下面）．再从 3 的下一个数 4 起，三个三个地数，数到的数都划掉(表上画在上面)．顺着下来,5 没有划掉，就从 5 的下一个数 6 起，五个五个地数，数到的数都划掉（表上画在右边）．再下去没有划掉的是 7，就从 7 的下一个数 8 起，七个七个地数，数到的数都划掉（表上画在左边）．

假如我们不是从 1 起到 100 为止，那么还要照推下去．现在只到 100 为止，这样就行了．因为 7 以下没有划掉的已是 11. 11 除 100 不过得 9. 9 比 11 小，可以划掉的数，如 22，33，44…在数 2，数 3 的时候就划掉了．

这样做，没有划掉的数都是质数．现在把 200 以内的质数写在下面供大家参考：

2	3	5	7	11	13	17	19
23	29	31	37	41	43	47	53
59	61	67	71	73	79	83	89
97	101	103	107	109	113	127	131
137	139	149	151	157	163	167	173
179	181	191	193	197	199		

(2)任意提出一个数来，如 397 或 323，怎样判定它是不是质数？

解决这个问题，我们可以把所有比它小的质数，从小到大地依次去除它．除到商数已经比除数小了还除不尽，它就是质数．因为我们是用从小到大的数去除，假如商数比除数小以后还除得尽，那么，商数做除数的时候早已经除尽了．

先看 397．由前面说过的法则，我们知道 2，3，5，11 都除不尽它．

$397 \div 7 = 56 \cdots 5$，　　　$397 \div 13 = 30 \cdots 7$，

$397 \div 17 = 23 \cdots 6$，　　　$3397 \div 29 = 20 \cdots 17$，

$397 \div 23 = 17 \cdots 6$．

商数 17 比除数 23 小还除不尽，所以 397 是质数．

再看 323．2，3，5，11 也都除不尽它．

$323 \div 7 = 46 \cdots 1$，　　　$323 \div 13 = 24 \cdots 11$，

$323 \div 17 = 19$．

就是 $323 = 17 \times 19$，所以 323 不是质数．

11.【质数的个数是无限的】我们说“有限”，就是说有一个最大的数做界限．假如质数的个数是有限的，那么就是有一个最大的质数，凡是比它大的数都不是质数．我们就说这个最大的质数是 p．

现在我们来研究这样一个数 N，它等于从 2 起到 p 止的一切质数的积加上 1，即 $N = 2 \times 3 \times 5 \times 7 \times \cdots \times p + 1$．

首先，我们知道 N 总大于 p，所以若 N 就是质数，p 当然不是最大的质数．

其次，我们说 N 就是质数．因为比它小的质数，2，3，5，7，…，p，无论拿哪一个去除它都要剩 1，就是总除不尽．所以 N 是质数，并且是大于 p 的．

这就是说，质数没有最大的一个．所以质数的个数是无限的．

3 析因数

12.【因数和质因数】$3\times5=15$，$6\times7=42$ 或 $2\times3\times7=42$，两个以上的数相乘得出另一个数来，这些相乘的数就叫作那个得出来的数的**因**数. 3和5是15的因数，6和7或2，3和7是42的因数.

因数是质数的叫作**质因数**,3和5是15的质因数,2,3和7是42的质因数.

质数便只有两个因数，1和它自己，如 $7=1\times7$.

13.【析因数】把一个合数分成几个因数，用这些因数的连乘积来表示它，这叫作**析因数**.

析因数时，我们总是把合数的质因数分析出来.

析一个合数的质因数的方法，除了2，3，5，11我们可以用前面所讲过的法则视察以外，只有用比它小的质数去试除它. 自然，除到可以判定它是质数的时候就用不着再做下去了.

前面我们还讲过4，8，9，10，25，125这些数的倍数的视察法，当然也是可以用的，不过要把它们分成质因数 2×2，$2\times2\times2$，3×3，2×5，5×5，$5\times5\times5$ 的连乘积. 同一个因数的连乘，我们是把它连乘的个数记在它的右肩上，如 $2\times2=2^2$，$2\times2\times2=2^3$，$3\times3=3^2$，$5\times5=5^2$，$5\times5\times5=5^3$.

〔例1〕求420的质因数.

$2\underline{|420}$ …末位是 0，所以用 2 去除.

$2\underline{|210}$ …末位是 0，所以用 2 去除.

$5\underline{|105}$ …末位是 5，所以用 5 去除.

$3\underline{|21}$ …$2+1=3$，是 3 的倍数，所以用 3 去除.

7…7 已经是质数.

$\therefore\ 420=2\times2\times5\times3\times7=2^2\times3\times5\times7$

注意

我们很容易看出来 $420=42\times10=21\times20$. 所以也可以分别先将 42 和 10 或 21 和 20 分析出质因数，再把所分析得的各质因数连乘起来.

（1）$2\underline{|42}$，$3\underline{|21}$，7；　$2\underline{|10}$，5

$\therefore\ 420=42\times10=(2\times3\times7)\times(2\times5)$
$=2^2\times3\times5\times7$.

（2）$3\underline{|21}$，7；　$2\underline{|20}$，$2\underline{|10}$，5

$\therefore\ 420=21\times20=(3\times7)\times(2\times2\times5)$
$=2^2\times3\times5\times7$.

〔例 2〕求 2743 的质因数.

$13\underline{|2743}$　211　　$13\underline{|211}$ …211 已是质数.　16…3

$\therefore\ 2743=13\times211$.

由视察，我们知道 2，3，5，11 都不是 2743 的因数. 由心算，我们知道 7 也不是它的因数.

用 13 去除它得 211. 因为 2，3，5，7，11 都不是 2743 的因数，所以也不是 211 的因数. 再用 13 去除 211 得 16 剩 3. 比 13 大的质数是 17，已经比 16 大，所以用不着再去试除，已经可以判定 211 是一个质数.

4 最大公约数

14.【公约数和最大公约数】几个数公共有的约数叫作它们的**公约数**. 如12的约数是2，3，4，6，12；18的约数是2，3，6，9，18；24的约数是2，3，4，6，8，12，24. 2，3，6是12，18和24所公共有的约数，就是它们的公约数.

几个数的公约数中最大的一个叫作**最大公约数**，我们用 *G.C.M.* 代表它. 在前面所举的例中，6就是12，18，24的最大公约数.

15.【互质数】几个数除1以外没有公约数的叫作**互质数**. 如5和6以及12，35和121各是互质数.

16.【求最大公约数法——析质因数法】首先把要求最大公约数的各数析成质因数的连乘积.

其次把各数公有的质因数提出来相乘，所得的积就是所求的最大公约数. 如果同一个质因数各有几个，只取最少的个数.

〔例1〕求180和126的最大公约数.

$\because\ 180=2^2\times3^2\times5$ 和 $126=2\times3^2\times7$.

$\therefore\ G.C.M.=2\times3^2=18$.

这个演算又可列成下式：

$2\underline{|180\quad126}$ …2是公因数.

$3\underline{|90\quad63}$ …3是公因数.

$$\begin{array}{r|ll} 3 & 30 & 21 \\ \hline & 10 & 7 \end{array}$$

…3 是公因数.

…10 和 7 已经是互质数.

$\therefore$ $G.C.M. = 2\times3\times3=18$.

注意

这里只是将各个公因数（就是各次的除数）连乘. 用各数的最大公约数去除各数所得的商一定是互质数.

〔例 2〕求 210，1260 和 245 的最大公约数.

$\because$ $210=2\times3\times5\times7$,

$1260=2^2\times3^2\times5\times7$,

$245=5\times7^2$.

$\therefore$ $G.C.M. = 5\times7=35$.

这个式子又可列成下式：

$$\begin{array}{r|lll} 5 & 210 & 1260 & 245 \\ \hline 7 & 42 & 252 & 49 \\ \hline & 6 & 36 & 7 \end{array}$$

…5 是公因数.

…7 是公因数.

$\therefore$ $G.C.M. = 5\times7=35$.

〔例 3〕求 9000 和 1350 的最大公约数.

$$\begin{array}{r|ll} 10 & 9000 & 1350 \\ \hline 5 & 900 & 135 \\ \hline 9 & 180 & 27 \\ \hline & 20 & 3 \end{array}$$

…10 是公因数.

…5 是公因数.

…9 是公因数.

$\therefore$ $G.C.M. = 10\times5\times9=450$.

注意

每次用去除的数只要是各个数的公因数就可以，不限定要质因数.

17.【求最大公约数法——辗转相除法】要求两个数的最大公约数，若

不容易把它们分成质因数的连乘积，也就不容易找出它们的公因数去除它们. 在这种情况下就用辗转相除法.

这个方法是这样：用较小的一个数去除较大的一个数，假如除尽，这个较小的数既除尽较大的一个，也除得尽它自己，它就是两个数的最大公约数. 假如除不尽，就是有一个余数，并且这个余数自然比它要小，这个余数就算是第一余数. 接着就用这个第一余数去除较小的一个数，若有余数就算是第二余数. 第二余数当然比第一余数要小，就用它去除第一余数. 假如还除不尽，就有第三余数. 第三余数当然比第二余数要小，就用它去除第二余数. 假如还除不尽，就照样做下去. 因为每次的余数都要比上一次的小，所以到最后只有两种结果：一种是剩 1，这就是原来的两个数没有公约数，而是互质数. 另外一种是剩 0，这就是除尽了. 最后一个除数就是所求的最大公约数（这个证明我们留到以后再讲）.

〔例 1〕求 437 和 1691 的最大公约数.

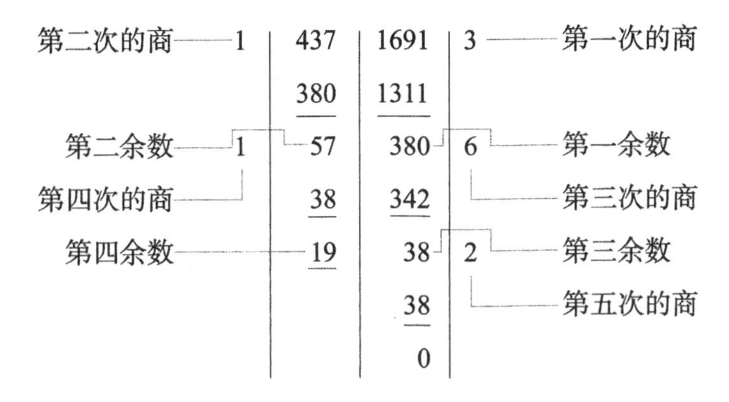

所求的 $G.C.M. = 19$.

〔例 2〕求 437 和 2500 的最大公约数.

1	437	2500	5
	315	2185	
1	122	315	2
	71	244	
2	51	71	1
	40	51	
1	11	20	1
	9	11	
	2	9	4
		8	
		1	… 最后余数.

所以 437 和 2500 是互质数.

注意

像例 2 中的 2500，我们很容易把它析成质因数的连乘积，$2500=2^2\times5^4$. 用 2 和 5 去除另外一个数 437 也很容易看出来都不能除尽. 这就不必用辗转相除的方法也可以判定 437 和 2500 是互质数. 因为 2500 的质因数 2 和 5 都不是 437 的因数，这就是说它们除 1 以外没有别的公因数.

例 2 的演算又可以用下面的办法变得比较简便一些.

1		437	2500	5
		315	2185	
	2	122	315	5
6		61	305	
		60	10	
最后余数…		1		

〔例 3〕求 78，130 和 195 的最大公约数.

先求 78 和 130 的最大公约数.

1	78	130	1
	52	78	
	26	52	2
		52	
		0	

所以 78 和 130 的最大公约数是 26.

再求 26 和 195 的最大公约数.

2	26	195	7
	26	182	
	0	13	

所以，26 和 195 的最大公约数是 13，也就是说 78，130 和 195 的最大公约数是 13. 因为 13 可以除尽 26，也就可以除尽 78 和 130，但 26 却不能除尽 195.

注意

例 3 只是作为演算辗转相除的例子，实际演算 78 和 130 的最大公约数，很容易得出来是 26. 而 $26=2\times13$，2 不是 195 的因数，只须用 13 去除 195，结果正好除尽，就可以知道 13 是 78，130 和 195 的最大公约数.

辗转相除法，一次只能求两个数的最大公约数. 所以要求四个数的最大公约数就得分三次. 先求出两个数的最大公约数，再用它和第三个数求三个数的最大公约数. 又再用所得的数和第四个数求最大公约数. 自然也可以把四个数分成两个一组的两组，先求各组的最大公约数，再求两组的最大公约数的最大公约数.

〔例 4〕求 2226，3339，8904 和 11130 的最大公约数.

先分别求 2226 和 3339 以及 8904 和 11130 的最大公约数.

2	2226	3339	1
	2226	2226	
	0	1113	

4	8904	11130	1
	8904	8904	
	0	2226	

2226 和 3339 的最大公约数是 1113，以及 8904 和 11130 的最大公约数是 2226. 再求 1113 和 2226 的最大公约数. 在本题这是很明白的，1113 就是所求的最大公约数，用不着再用辗转相除法去计算一次. 但在不容易看得出来的情况下，必须再计算一次.

5 最小公倍数

18.【公倍数和最小公倍数】几个数公共的倍数叫作它们的**公倍数**. 如12，24和36都是2，4，6和12的公倍数.

几个数的公倍数的个数是无限的，因为它们的任何一个公倍数的倍数都是它们的公倍数. 几个数的公倍数中最小的一个叫作它们的**最小公倍数**，我们用 *L.C.M.* 代表它. 如12，24和36都是2，4，6和12的公倍数，其中12最小，它就是2，4，6和12的最小公倍数.

19.【求最小公倍数法——析质因数法】先把要求最小公倍数的各数析成质因数的连乘积.

其次把各个数所含的不相同的质因数都提出来相乘，所得的积就是所求的最小公倍数. 但两个以上的数所公有的质因数，只取各数中含的个数最多的一个. 自然，若几个数含的某一个质因数的个数相同，那就只取一次.

〔例1〕求35，40和100的最小公倍数.

$\because$ $35=5\times7$，$40=2^3\times5$ 和 $100=2^2\times5^2$.

$\therefore$ $L.C.M.=2^3\times5^2\times7=1400$.

三个数所含的不相同的质因数是2，5和7. 40和100都含有2，最多的是2^3. 40和100都含有5，最多的是5^2，7只有一个. 因此得出 *L.C.M.* 是$2^3\times5^2\times7$.

这个演算又可列成下式：

$$\begin{array}{r|lll}5 & 35 & 40 & 100 \\ \hline 2 & 7 & 8 & 20 \\ \hline 2 & 7 & 4 & 10 \\ \hline & 7 & 2 & 5\end{array}$$

…5 是三个数的公因数.

…2 是 8 和 20 的公因数.

…2 是 4 和 10 的公因数.

…各数中任何两个都没有公因数.

$\therefore$ $L.C.M.=5\times2\times2\times7\times2\times5=1400$.

注意

这里先是用各个数的公因数去除. 到各个数已没有公因数的时候，再用其中几个数的公因数去除，不能除尽的就不用除，照样写下来. 这样连续做下去到各个数中任何两个都没有公因数为止.

最后，把所有的除数（在式子左边的）和所有的商数（在式子下面的）相乘.

〔例 2〕求 500，507 和 798 的最小公倍数.

$\because$ $500=2^2\times5^3$，$507=3\times13^2$ 和 $798=2\times3\times7\times19$.

$\therefore$ $L.C.M.=2^2\times3\times5^3\times7\times13^2\times19=33715500$.

这个演算又可列成下式：

$$\begin{array}{r|lll}2 & 500 & 507 & 798 \\ \hline 3 & 250 & 507 & 399 \\ \hline & 250 & 169 & 133\end{array}$$

…各数中任何两个数都没有公因数.

$\therefore$ $L.C.M.=2\times3\times250\times169\times133=33715500$.

注意

两个数若是互质数，则它们的最小公倍数就等于它们相乘的积. 几个数中，若是任何两个都是互质数，则它们的最小公倍数就等于它们相乘的积. 如 3，7 和 8 的最小公倍数就是 $3\times7\times8=168$.

几个数中，若最大的一个是其他各个数的倍数，则它就是它们的最小公倍数，因它也是它自己的倍数. 60，15，12 和 5，60 是 15，12 和 5 的倍数，它也就是 60，15，12 和 5 的最小公倍数.

20.【求最小公倍数法——先求最大公约数法】要求两个数的最小公倍

数，若不容易把它们分成质因数的乘积，自然也就不容易找出它们的公因数去除它们. 在这种情况下就先求它们的最大公约数——用辗转相除法. 我们先来观察一下. 例如要求 70 和 90 的最小公倍数. 照前节的方法和求最大公约数的方法，是：

$$\begin{array}{r|rr} 2 & 70 & 90 \\ \hline 5 & 35 & 45 \\ \hline & 7 & 9 \end{array}$$

$\therefore$ $L.C.M. = 2\times5\times7\times9=630;$

$G.C.M. = 2\times5=10.$

用它们的最大公约数 10 分别去除它们，所得的商是 7 和 9，一定是互质数.

并且它们的最小公倍数 $630=2\times5\times7\times9=(10\times7)\times9$

$=70\times9=70\times(90\div10).$

又它们的最小公倍数 $630=2\times5\times7\times9=(10\times9)\times7$

$=90\times(70\div10).$

这就是说，两个数的最小公倍数（630）等于其中的一个数（70 或 90）乘以另一个数（90 或 70）被它们的最大公约数（10）除得的商（9 或 7）.

根据这个性质，要求两个数的最小公倍数，就先求它们的最大公约数. 其次用这个最大公约数去除其中的一个数，而把所得的商和另一个数相乘. 这样就得出所求的最小公倍数.

〔例 1〕求 336 和 1260 的最小公倍数.

先求它们的最大公约数.

1	336	1260	3
	252	1008	
	84	252	3
		252	
		0	

$\therefore$ $G.C.M.$ = 84.

用 84 去除 336 再和 1260 相乘，

$$336 \div 84 \times 1260 = 4 \times 1260 = 5040.$$

或用 84 去除 1260 再和 336 相乘，

$$1260 \div 84 \times 336 = 15 \times 336 = 5040.$$

$\therefore$ $L.C.M.$ = 5040.

由这个演算，我们还可以知道：

两个数的最小公倍数等于它们的相乘积除以它们的最大公约数.

例如 $5040 = (4 \times 84) \times 1260 \div 84 = (336 \times 1260) \div 84$

或 $5040 = 15 \times 336 = (15 \times 84) \times 336 \div 84$

$= (1260 \times 336) \div 84.$

例 1 的方法，一次只能求两个数的最小公倍数. 若要求三个以上的数的最小公倍数，就先求两个数的最小公倍数，然后将求得的最小公倍数和第三个数求. 再又把求得的最小公倍数和第四个数求. 若求五个数以上的，只要这样一步一步地照做下去就行了.

〔例 2〕求 336，1260 和 350 的最小公倍数.

先求 336 和 350 的最小公倍数.

24	336	350	1
	336	336	
	0	14	3

$\therefore$ $G.C.M.$ = 14，而 $L.C.M. = 336 \div 14 \times 350 = 24 \times 350 = 8400.$

再求 8400 和 1260 的最小公倍数.

1	1260	8400	6
	840	7560	
	420	840	2
		840	
		0	

$\therefore$ $G.C.M.=420$，而 $L.C.M.=1260\div420\times8400=3\times8400=25200$.

若利用前例已知 336 和 1260 的最小公倍数是 5040，再求 5040 和 350 的最小公倍数. 我们很容易知道它们的最大公约数是 70.

$L.C.M.=350\div70\times5040=5\times5040=25200$.

21.【最大公约数和最小公倍数的应用】许多实际问题的计算都和最大公约数或最小公倍数有关系. 现在举几个例子在下面：

〔例 1〕某数用 45 去除剩 20，若用 9 去除剩多少?

因为 45 是 9 的倍数，所以用 9 去除所剩的数是从余数 20 被 9 去除得出来的.

$20\div9=2$ 剩 2，所以某数用 9 去除剩的是 2.

〔例 2〕比 1 大而比 100 小的三个数，相乘得 2838，这三个数是什么?

三个数的乘积就等于它们的各个质因数的乘积；因此，我们先把 2838 析成质因数的积.

$$2838=2\times3\times11\times43.$$

一共有四个质因数. 把这四个质因数分成三组，三组所成的数相乘都可以得 2838.

但题目却限制三个数都要小于 100，因此 3 和 11 都不能同 43 在一组. 所以就 43 说，只能单独在一组或同 2 在一组.

43 单独在一组，剩下的三个质因数 2，3，11，又得分成两组，这有三种可能：

$$11,\ 2\times3;\ 11\times2,\ 3;\ 11\times3,\ 2.$$

就可以得到三种解答：

43，11，6；43，22，3；43，33，2.

若 43 同 2 在一组，那就只剩下两个质因数，3 和 11. 因此三个数只能是 $86(43\times2)$，11，3.

本题的解答一共是四种：

43，11，6；43，22，3；43，33，2；86，11，3.

〔例 3〕用 28 和 16 分别去除都余 5 的数，最小的是什么？

凡 28 的倍数加上 5，用 28 去除都余 5，凡 16 的倍数加上 5，用 16 去除都余 5.

28 和 16 的公倍数加上 5，用 28 和 16 分别去除都余 5. 因为题目上要的是最小的一个，所以先求 28 和 16 的最小公倍数，再加上 5 就得所求的数.

$\because\ 28=2^2\times 7，16=2^4.$

$\therefore\ L.C.M.=2^4\times 7=112$，而 $112+5=117$ 即所求的数.

〔例 4〕两数的最大公约数是 12，最小公倍数是 72，求这两个数.

由前文可以知：两个数的最大公约数分别去除两个数所得的商是互质数. 并且它们的最小公倍数就等于它们的最大公约数和这两个商相乘的积. 所以：

最小公倍数 ÷ 最大公约数 = 最大公约数除各数的商的积.

$72\div 12=6=2\times 3.$

因为 2 和 3 是互质数，

所以 $12\times 2=24$ 和 $12\times 3=36$ 就是所求的两个数.

〔例 5〕两数的积是 5766，最大公约数是 31，求这两个数.

由前文知：两数的积 ÷ 最大公约数 = 最小公倍数.

$5766\div 31=186$…最小公倍数.

依上例的算法：$186\div 31=6=2\times 3.$

所以 $31\times 2=62$ 和 $31\times 3=93$ 就是所求的两个数.

〔例 6〕两数的和是 144，最大公约数是 24，求这两个数.

两个数的和 ÷ 最大公约数 = 两个数被最大公约数除所得的商的和.

$\therefore\ 144\div 24=6=1+5=2+4=3+3.$

但这两个商必须是互质数，因而只能取 1 和 5，

所以 $24\times1=24$ 和 $24\times5=120$ 就是所求的两个数.

〔例 7〕甲、乙两个齿轮互相衔接，甲有 35 齿，乙有 40 齿. 甲的某一齿和乙的某一齿相接触后，再相接，至少各需转几次?

两个齿轮同时转动，从某两齿相接到第二次相接，它们转动的时间相同，所转过的齿数也就相等. 因此所转的齿数最少是它们齿数的最小公倍数.

$\because\ 35=5\times7$ 和 $40=5\times2^3$,

$\therefore\ L.C.M.=7\times5\times2^3=280$.

又 $280\div35=8$ 和 $280\div40=7$.

即甲齿轮转 8 次，乙齿轮转 7 次.

〔例 8〕甲、乙、丙三个人骑自行车绕着一个圆形的场地行驶，甲 4 分钟转一周，乙 6 分钟转一周，丙 8 分钟转一周. 三个人从同一地点出发，到同一地点相会，至少需多少时间? 各转几周?

三个人从同一地点出发到原地点相会，所走的时间是相同的，并且所转场地的周数都是整数. 所以所需的时间必是各人转一周的时间的公倍数. 所求的最少的时间，即它们的最小公倍数.

4，6，8 的最小公倍数 = 24.

即至少需 24 分钟.

$24\div4=6$，$24\div6=4$，$24\div8=3$.

即甲转 6 周，乙转 4 周和丙转 3 周.

〔例 9〕把 135 厘米长，105 厘米宽的纸裁成一样大的正方块，不许剩下纸，这正方块最大的边长是多少? 一共裁出多少块?

因为要裁成正方块并且不能剩下纸，所以每边的长必须是 135 厘米和 105 厘米的最大公约数.

$135=3^3\times5$ 和 $105=3\times5\times7$.

$\therefore\ G.C.M.=3\times5=15$（厘米），即正方块的边长.

$135\div15=9$，长处可以裁 9 块.

$105 \div 15 = 7$，宽处可以裁 7 块.

$7 \times 9 = 63$，一共可以裁 63 块.

〔例 10〕将长 15 厘米，宽 12 厘米的长方石板铺成正方形，最少要多少块？铺的地面每边多长？

因为铺成的是正方形，它的一边必须是石板的长和宽的公倍数.

$15 = 3 \times 5$ 和 $12 = 3 \times 4$.

$\therefore$ $L.C.M. = 3 \times 4 \times 5 = 60$，即每边至少长 60 厘米.

$60 \div 15 = 4$ 和 $60 \div 12 = 5$，$4 \times 5 = 20$.

即至少要 20 块石板.

6 因式

22.【因式和倍式】在算术里面我们是专拿数来做研究对象的，研究数的性质，研究计算数的法则．并且所研究的数范围也比较狭窄．如约数，倍数，公约数，公倍数……这些都是以自然数或正整数作为对象的．

在代数里因为用了文字去代替数，所研究的虽然基本上还是数的性质以及计算它们的法则，但是我们是用式子表示出来而加以研究的．因此和算术里的数相当的却是一些式子．

两个或几个式子相乘得出另外一个式子来，我们把它叫作那相乘的几个式子的积．这几个相乘的式子，就叫作那所得的积的**因式**．

例如：

$$(3ab)\times(2ax) = 6a^2bx,$$

$$a(x+y+z) = ax+ay+az,$$

$$(a+b)(x+y) = ax+ay+bx+by.$$

$3ab$ 和 $2ax$ 就是 $6a^2bx$ 的因式．

a 和 $x+y+z$ 就是 $ax+ay+az$ 的因式．

$a+b$ 和 $x+y$ 就是 $ax+ay+bx+by$ 的因式．

这自然是很明白的，一个式子若是由几个式子相乘得出来的，那么这些式子中的每一个都可以除尽它．所以，这样的式子就叫作它的因式的**倍式**．

同理，一个式子若是只有它自己是它的因式（看成是 1 和它相乘得到的），就叫作**质式**. 算术里，我们可以把自然数列中的质数依照大小的顺序列出许多来，在代数里，要照样列出许多质式来，那是不可能的，也是不必要的.

23.【析因式】把一个式子分析成为若干个质式的连乘积，这叫作**析因式**，算术里析因数，我们是把小于被析数的质数从小到大依次去试除它. 在代数里，我们没有什么一系列的质式，可以用它们分别来除任何一个式子，所以同样的方法就没有了.

代数里的析因式，基本上只是乘法的倒转. 我们倘若熟习了某种形式的两个式子相乘得出什么一种形式的式子，那么遇着这种形式的式子，就可把它分成某种形式的两个因式.

析因式，在代数里相当重要，我们一定要善于把握一些式子的形式.

7 独项因式

24.【独项因式】一个式子的各项所共同有的因式，叫作它的**独项因式**. 由乘法，我们知道：

$$a(b+c+d)=ab+ac+ad.$$

反过来看，就是：

$$ab+ac+ad=a(b+c+d).$$

a 是左边这个式子的各项所共同有的因式，它就是这个式子的独项因式. 因此左边这个式子就是由右边的两个式子 a 和 $b+c+d$ 相乘得到的.

〔例 1〕析 $12a^2x^3-9ax^2y+15ax^2y^2$ 的因式.

先从各项的系数 12，9，15 看，它们的公因数是 3.

再看各项都有 a 和 x^2.

所以 $3ax^2$ 便是这个式子的独项因式.

用 $3ax^2$ 分别去除各项得 $4ax$，$3y$ 和 $5y^2$.

$$\therefore 12a^2x^3-9ax^2y+15ax^2y^2$$

$$=\left(3ax^2\right)\left(4ax\right)-\left(3ax^2\right)\left(3y\right)+\left(3ax^2\right)\left(5y^2\right)$$

$$=3ax^2\left(4ax-3y+5y^2\right).$$

〔例 2〕析 $\left(x+y\right)^3-\left(x+y\right)^2+\left(x+y\right)$ 的因式.

我们把 $(x+y)$ 看成一个独项因式，它是各项所共同有的.

$$\therefore\ (x+y)^3-(x+y)^2+(x+y)$$
$$=(x+y)(x+y)^2-(x+y)(x+y)+(x+y)\times 1 \text{ ①}$$
$$=(x+y)\left[(x+y)^2-(x+y)+1\right].$$

〔例 3〕析 $(4x+3y)(2x-7y)+(7x-6y)(7y-2x)$ 的因式.

就表面看去，$4x+3y$ 第二项没有，$7x-6y$ 第一项没有，而 $2x-7y$ 和 $7y-2x$ 又不一样，好像这个式子就没有独项因式. 但我们若注意到 $7y-2x=-(2x-7y)$，二者只差一个符号，就能发现 $2x-7y$ 是两项所共同有的因式.

$$\therefore\ (4x+3y)(2x-7y)+(7x-6y)(7y-2x)$$
$$=(4x+3y)(2x-7y)-(7x-6y)(2x-7y)$$
$$=(2x-7y)\left[(4x+3y)-(7x-6y)\right]$$
$$=(2x-7y)(4x+3y-7x+6y)$$
$$=(2x-7y)(9y-3x)$$
$$=3(2x-7y)(3y-x).$$

25.【分组析独项因式法】有些式子，各项没有共同的因式，但若把它分成若干组，每组的各项都有共同的因式. 将各组的独项因式分析出来以后，各项就有了共同的因式. 遇着这种情况，就先分组析独项因式.

分组的时候必须注意：

（1）每组的项数须一样多；

（2）分组以后，每组的各项要有共同的因式；

（3）把每组的独项因式析出后，所得的式子的各项也有共同的因式.

〔例 1〕析 $ab+cd+ac+bd$ 的因式.

这个式子，四项没有共同的因式，第一、二项和第三、四项也没有共同的因式. 但若把各项的次序调动一下，就可分成两组，每组的两项都有共同

① 无论什么式子都可以看成是它和1相乘得出来的. 在析因式的时候，切不可因为整个的式子拿到括号外面以后，那一项就作为0. 因为析因式拿出一个因式，基本上是用那个因式去除原式的各项，所以应当有一个商数1.

的因式.

$$ab+cd+ac+bd=(ab+ac)+(bd+cd)$$
$$=a(b+c)+d(b+c)$$
$$=(b+c)(a+d).$$

〔例 2〕析 $ax-ay+bx+cy-cx-by$ 的因式.

$$ax-ay+bx+cy-cx-by$$
$$=(ax-ay)+(bx-by)-(cx-cy)$$
$$=a(x-y)+b(x-y)-c(x-y)$$
$$=(x-y)(a+b-c).$$

或

$$ax-ay+bx+cy-cx-by$$
$$=(ax+bx-cx)-(ay+by-cy)$$
$$=x(a+b-c)-y(a+b-c)$$
$$=(x-y)(a+b-c).$$

第一种方法是用 a，b，c 做标准分成三组；第二种方法是用 x，y 做标准分成两组.

〔例 3〕析 $a^2+cd-ab-bd+ac+ad$ 的因式.

$$a^2+cd-ab-bd+ac+ad$$
$$=(a^2+ad)-(ab+bd)+(ac+cd)$$
$$=a(a+d)-b(a+d)+c(a+d)$$
$$=(a+d)(a-b+c).$$

或 $a^2+cd-ab-bd+ac+ad$

$$=(a^2-ab+ac)+(ad-bd+cd)$$
$$=a(a-b+c)+d(a-b+c)$$
$$=(a+d)(a-b+c).$$

〔例 4〕析 $x^4+x^3+2x^2+x+1$ 的因式.

这个式子，形式上只有 5 项，不能分成项数一样的两组或三组，但若把 $2x^2$ 看成 x^2+x^2，原式就成了六项. 这种把一项分开成两项或几项的方法，以后也常常要用到.

$$\begin{aligned}x^4+x^3+2x^2+x+1&=\left(x^4+x^3+x^2\right)+\left(x^2+x+1\right)\\&=x^2\left(x^2+x+1\right)+\left(x^2+x+1\right)\\&=\left(x^2+1\right)\left(x^2+x+1\right).\end{aligned}$$

或 $$\begin{aligned}x^4+x^3+2x^2+x+1&=\left(x^4+x^2\right)+\left(x^3+x\right)+\left(x^2+1\right)\\&=x^2\left(x^2+1\right)+x\left(x^2+1\right)+\left(x^2+1\right)\\&=\left(x^2+1\right)\left(x^2+x+1\right).\end{aligned}$$

〔例 5〕析 $ab\left(c^2-d^2\right)-\left(a^2-b^2\right)cd$ 的因式.

$$\begin{aligned}&ab\left(c^2-d^2\right)-\left(a^2-b^2\right)cd\\&=abc^2-abd^2-a^2cd+b^2cd\\&=\left(abc^2-a^2cd\right)+\left(b^2cd-abd^2\right)\\&=ac\left(bc-ad\right)+bd\left(bc-ad\right)\\&=\left(bc-ad\right)\left(ac+bd\right).\end{aligned}$$

或 $$\begin{aligned}&ab\left(c^2-d^2\right)-\left(a^2-b^2\right)cd\\&=abc^2-abd^2-a^2cd+b^2cd\\&=\left(abc^2+b^2cd\right)-\left(a^2cd+abd^2\right)\\&=bc\left(ac+bd\right)-ad\left(ac+bd\right)\\&=\left(bc-ad\right)\left(ac+bd\right).\end{aligned}$$

8 二次三项式的因式

26.【完全平方式的因式】在乘法里我们已经知道：

$$(a+b)^2=a^2+2ab+b^2 \text{和} (a-b)^2=a^2-2ab+b^2 .$$

反过来看，就是：

$$a^2+2ab+b^2=(a+b)^2 \text{和} a^2-2ab+b^2=(a-b)^2 .$$

这两个左边的二次三项式，只有中间一项的正负号不同．但右边的 a 和 b 的一次式也只有一个正负号不同．因此，我们可以把它们并在一起来考察．

第一，两个二次三项式的第一项和第三项都是一个平方数．并且第一项正是右边因式的第一项的平方，第三项正是右边因式的第二项的平方．

第二，两个二次三项式的第二项，都是右边因式的两项的积的 2 倍；连符号都可以一起算进去．

这样，我们若是有了一个二次三项式，把它的次序整理得和上面的两个一样，就很容易判断它是不是一个完全平方式．

（1）先看第一项和第三项是不是完全平方数并且符号相同．

（2）假若是的，再看它们的平方根相乘的“2”倍是不是和第二项相等；符号的正负暂时不去管它．

（3）假如是的，那么这两个平方根的和（在第二项是正号的时候）或它们的差（在第二项是负号的时候）的平方就是所求的因式.

〔例 1〕析 $x^2+8x+16$ 的因式.

第一项是 x 的平方，第三项是 4 的平方，并且符号都是正的，这就符合（1）.

x 和 4 的积的 2 倍等于 $8x$，正好等于第二项，这就符合（2）.

$$\begin{aligned}\therefore\quad x^2+8x+16&=x^2+2\times x\times 4+4^2\\&=(x+4)^2.\end{aligned}$$

〔例 2〕析 $16x^2-24xy+9y^2$ 的因式.

$$\begin{aligned}16x^2-24xy+9y^2&=(4x)^2-2(4x)(3y)+(3y)^2\\&=(4x-3y)^2.\end{aligned}$$

〔例 3〕析 $a^2b^2c^2+abc+\frac{1}{4}$ 的因式.

$$\begin{aligned}a^2b^2c^2+abc+\frac{1}{4}&=(abc)^2+2(abc)\times\frac{1}{2}+\left(\frac{1}{2}\right)^2\\&=\left(abc+\frac{1}{2}\right)^2.\end{aligned}$$

〔例 4〕析 $81a^2d^2-180abcd+100b^2c^2$ 的因式.

$$\begin{aligned}&81a^2d^2-180abcd+100b^2c^2\\&=(9ad)^2-2(9ad)(10bc)+(10bc)^2\\&=(9ad-10bc)^2.\end{aligned}$$

〔例 5〕析 $(m+5n)^2-2(m+5n)(3m-n)+(3m-n)^2$ 的因式.

$$\begin{aligned}&(m+5n)^2-2(m+5n)(3m-n)+(3m-n)^2\\&=[(m+5n)-(3m-n)]^2\\&=(6n-2m)^2=[2(3n-m)]^2\\&=2^2(3n-m)^2=4(3n-m)^2.\end{aligned}$$

〔例 6〕析 $x^2+9y^2+4z^2-6xy+4xz-12yz$ 的因式.

这种式子是不能直接分析它的因式的. 因为头两项都是完全平方数，我

们不妨试找一项来同它们配成一个二次三项的完全平方式看一看．这种方法也是常常用到的．

$$\begin{aligned}&x^2+9y^2+4z^2-6xy+4xz-12yz\\&=\left(x^2-6xy+9y^2\right)+\left(4xz-12yz\right)+4z^2\\&=\left(x-3y\right)^2+4\left(x-3y\right)z+4z^2\\&=\left(x-3y\right)^2+2\left(x-3y\right)\left(2z\right)+\left(2z\right)^2\\&=\left(x-3y+2z\right)^2.\end{aligned}$$

27.【较一般的二次三项式 x^2+px+q 的因式】由乘法，

$$\left(x+a\right)\left(x+b\right)=x^2+\left(a+b\right)x+ab\cdots(1);$$

$$\left(x-a\right)\left(x-b\right)=x^2-\left(a+b\right)x+ab\cdots(2);$$

$$\left(x+a\right)\left(x-b\right)=x^2+\left(a-b\right)x-ab\cdots(3).$$

三个式子左边都是两个一次二项式相乘．两个因式第一项的积就是右边的第一项．两个因式第二项的积就是右边的第三项．两个因式的第一项和第二项交互相乘所得的积的和就是右边的第二项．把这个关系（即（3）式）用下图表示，即可看得明白．

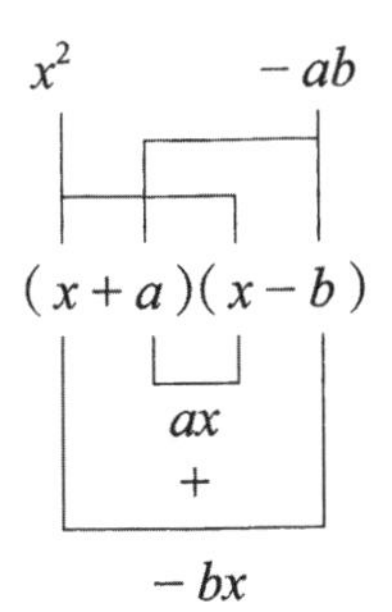

把这个关系反过来想一想，就可以得出分析二次三项式 x^2+px+q 的因式的法则．

〔例 1〕析 x^2+3x+2 的因式．

由上面的（1）式，因这个式子的第二项和第三项都是正的，所以它的两个因式应当是这样的形式 $(x+a)(x+b)$.

把第三项的 2 析成两个因数 2 和 1，它们的和 $2+1=3$ 正好是第二项的系数.

$$\therefore\ x^2+3x+2=(x+2)(x+1).$$

〔例 2〕析 $x^2-7xy+10y^2$ 的因式.

由上面的（2）式，因这个式子的第三项是正的而第二项是负的，所以它的两个因式应当是这样的形式 $(x-a)(x-b)$.

把第三项的 $10y^2$ 析成两个因式，可以是 $-y$ 和 $-10y$ 或 $-2y$ 和 $-5y$. 但 $(-y)+(-10y)=-11y$ 不等于第二项的 x 的系数. $(-2y)+(-5y)=-7y$ 正等于第二项的 x 的系数.

$$\begin{aligned}\therefore\ x^2-7xy+10y^2&=x^2-(2y+5y)x+(2y)(5y)\\&=(x-2y)(x-5y).\end{aligned}$$

〔例 3〕析 a^2+5a-6 的因式.

由上面的（3）式，因第三项是负的，所以它的两个因式应当是这样的形式 $(x+a)(x-b)$.

把第三项的 -6 分成两个因数，可以是 -2 和 $+3$，$+2$ 和 -3，$+1$ 和 -6 或 -1 和 $+6$. 但只有 $(+6)+(-1)=+5$.

$$\therefore\ a^2+5a-6=(a+6)(a-1).$$

〔例 4〕析 $y^2-4xy-12x^2$ 的因式.

和例 3 一样，这个式子的因式应当是 $(y+a)(y-b)$ 的形式.

把第三项的 $-12x^2$ 析成两个因式，可以有下面的六对：

$-x$，$+12x$；$+x$，$-12x$；$-2x$，$+6x$；

$+2x$，$-6x$；$-3x$，$+4x$；$+3x$，$-4x$.

它们中间只有 $(+2x)+(-6x)=-4x$ 符合第二项 y 的系数.

$$\therefore\ y^2-4xy-12x^2=(y+2x)(y-6x).$$

28.【一般的二次三项式 ax^2+bx+c 的因式】由乘法，

$$(ax+b)(cx+d)=acx^2+(ad+bc)x+bd.$$

反过来看，就是：

$$acx^2+(ad+bc)x+bd=(ax+b)(cx+d).$$

若是把上式写成下面的形状，可以看出两个因式和原来的二次三项式的关系来：

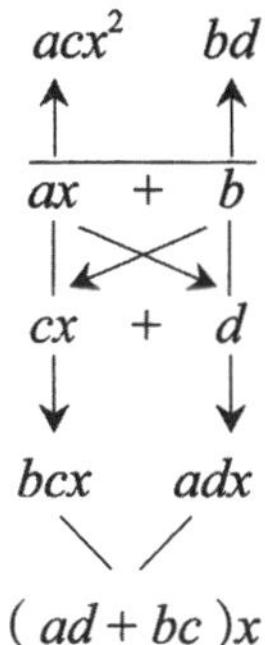

第一，二次三项式的第一项等于它的两个因式的第一项的积．所以在析因式的时候，就得把它的第一项分成两个独项因式，ax 和 cx．

第二，二次三项式的第三项等于它的两个因式的第二项的积．所以在析因式的时候，就得把它的第三项分成两个因数或独项因式．

第三，但是，第一项和第二项所析成的独项因式，一般地总不止一种．结果必须要所得到的两个一次因式的第一项和第二项交互的乘积的和等于二次三项式的第二项．

〔例 1〕析 $4x^2+4x-15$ 的因式．

第一项析成独项因式有两种：$4x$，x 和 $2x$，$2x$．

第三项析成两个因数，因为它是负的，只能一个正一个负，就有四种：-15，$+1$；$+15$，-1；-5，$+3$ 和 $+5$，-3．

把第一项和第三项的各种分法结合起来便有 12 种情形，先看下面的 8 种情形：

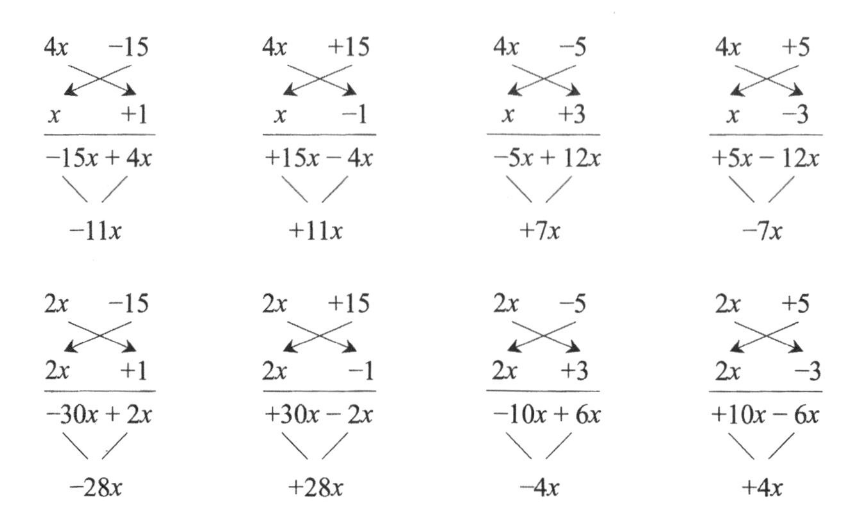

结果，8 种当中只有最后一种情形是对的.

$$\therefore \quad 4x^2+4x-15=(2x+5)(2x-3).$$

若把前 4 种中的第二项上下掉换一下，还可以得出 4 种结合法来，但都是不对的.

〔例 2〕析 $6x^2+13x+6$ 的因式.

第一项可析成 $6x$，x 和 $3x$，$2x$ 两种独项因式.

第三项是正的，析成的两个因数应当同符号（或正或负）. 但第二项是正的，所以只能都是正的，有 6，1 和 3，2 两种.

把它们结合起来，便有下面的 8 种情形：

$6x \quad +6$	$6x \quad +3$	$3x \quad +6$	$3x \quad +3$
$x \quad +1$	$x \quad +2$	$2x \quad +1$	$2x \quad +2$
$6x+6x$	$3x+12x$	$12x+3x$	$6x+6x$
$12x$	$15x$	$15x$	$12x$

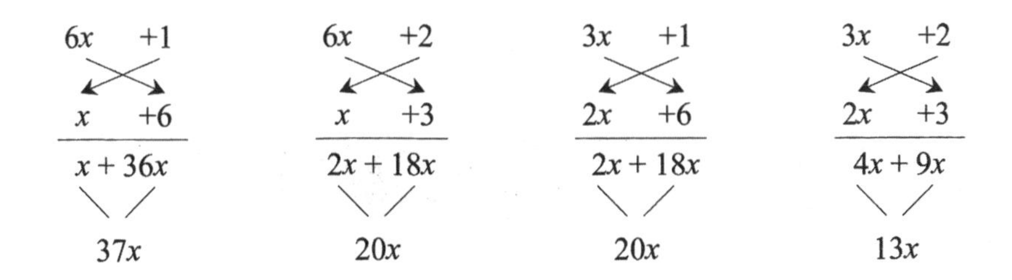

结果，只有最后一种情形是对的.

$$\therefore\ 6x^2+13x+6=(3x+2)(2x+3)\ .$$

一般的情形，第一项和第三项析成的两个独项因式或因数总不止两种，所以结合起来的种数相当地多，若要一个一个地去试非常繁复. 实际应用中可以靠“熟能生巧”的“巧”.

9 二项式的因式

29.【二次二项式 a^2-b^2 的因式】由乘法，

$$(a-b)(a+b)=a^2-b^2\ .$$

反过来，就是：

$$a^2-b^2=(a-b)(a+b)\ .$$

这个式子很简单，这就是：

两个式子的平方的差，等于它们的差同它们的和相乘的积.

〔例 1〕析 x^2-4 的因式.

$$x^2-4=x^2-2^2=(x-2)(x+2)\ .$$

〔例 2〕析 $9a^4b^2-16$ 的因式.

$$9a^4b^2-16=(3a^2b)^2-4^2=(3a^2b-4)(3a^2b+4)\ .$$

〔例 3〕析 $9x^4y^2-64p^2q^6$ 的因式.

$$9x^4y^2-64p^2q^6=(3x^2y)^2-(8pq^3)^2$$
$$=(3x^2y-8pq^3)(3x^2y+8pq^3)\ .$$

〔例 4〕析 x^4-y^4 和 x^8-y^8 的因式.

$$x^4-y^4=(x^2)^2-(y^2)^2=(x^2-y^2)(x^2+y^2)$$
$$=(x-y)(x+y)(x^2+y^2)\ .$$

$$x^8-y^8=\left(x^4\right)^2-\left(y^4\right)^2=\left(x^4-y^4\right)\left(x^4+y^4\right)$$
$$=\left(x-y\right)\left(x+y\right)\left(x^2+y^2\right)\left(x^4+y^4\right).$$

x^2+y^2 是不能再把它析因式的．至于 x^4+y^4 那就要看条件了，假如允许系数有无理数的话，它还可以析因式．

$$x^4+y^4=x^4+2x^2y^2+y^4-2x^2y^2$$
$$=\left(x^2+y^2\right)^2-\left(\sqrt{2}xy\right)^2$$
$$=\left(x^2-\sqrt{2}xy+y^2\right)\left(x^2+\sqrt{2}xy+y^2\right).$$

这样一来，则

$$x^8-y^8=\left(x-y\right)\left(x+y\right)\left(x^2+y^2\right)\left(x^2-\sqrt{2}xy+y^2\right)\left(x^2+\sqrt{2}xy+y^2\right).$$

〔例 5〕析 $4a^2-b^2+c^2-9d^2+4ac+6bd$ 的因式．

这个式子就不能直接用前面的公式把它的因式析出来；但若把它的各项掉换一下，并且分成两组就方便分析了．

$$4a^2-b^2+c^2-9d^2+4ac+6bd$$
$$=\left(4a^2+4ac+c^2\right)-\left(b^2-6bd+9d^2\right)$$
$$=\left[\left(2a\right)^2+2\left(2a\right)\times c+c^2\right]-\left[b^2-2b\times\left(3d\right)+\left(3d\right)^2\right]$$
$$=\left(2a+c\right)^2-\left(b-3d\right)^2$$
$$=\left[\left(2a+c\right)-\left(b-3d\right)\right]\left[\left(2a+c\right)+\left(b-3d\right)\right]$$
$$=\left(2a+c-b+3d\right)\left(2a+c+b-3d\right)$$
$$=\left(2a-b+c+3d\right)\left(2a+b+c-3d\right).$$

〔例 6〕析 $x^4-7x^2y^2+81y^4$ 的因式．

这个式子若是作为 x^2 和 y^2 的二次三项式 $(x^2)^2-7(x^2)(y^2)+81(y^2)^2$ 也是很难析因式的．但是我们如果设法把它变成 x^2 和 y^2 的完全平方式就很容易了．

$$x^4-7x^2y^2+81y^4=x^4+18x^2y^2+81y^4-7x^2y^2-18x^2y^2$$

$$=\left[\left(x^{2}\right)^{2}+2\left(x^{2}\right)\left(9y^{2}\right)+\left(9y^{2}\right)^{2}\right]-25x^{2}y^{2}$$
$$=\left(x^{2}+9y^{2}\right)^{2}-\left(5xy\right)^{2}$$
$$=\left(x^{2}-5xy+9y^{2}\right)\left(x^{2}+5xy+9y^{2}\right).$$

30.【二次三项式的配方析因式法】对于一般的二次三项式 ax^2+bx+c，用配平方和前节的方法总可以把它的两个因式析出来．先看下面的例子．

$$6x^{2}-7x-3=6\left(x^{2}-\frac{7}{6}x-\frac{1}{2}\right).$$

这是把 x^2 的系数作为各项的共同因数析出来．

但 $$x^{2}-\frac{7}{6}x=x^{2}-\frac{7}{6}x+\left(\frac{7}{12}\right)^{2}-\left(\frac{7}{12}\right)^{2}$$
$$=\left(x-\frac{7}{12}\right)^{2}-\frac{49}{144}.$$

这是把括号内的第一项、第二项配成完全平方式，就是加上 x 的系数（$-\frac{7}{6}$）的一半的平方（$\frac{7}{12}$）^{2}，同时又把它减掉，使得原式的值不改变．这样一来便得：

$$6x^{2}-7x-3=6\left(x^{2}-\frac{7}{6}x-\frac{1}{2}\right)$$
$$=6\left[x^{2}-\frac{7}{6}x+\left(\frac{7}{12}\right)^{2}-\left(\frac{7}{12}\right)^{2}-\frac{1}{2}\right]$$
$$=6\left[\left(x-\frac{7}{12}\right)^{2}-\frac{121}{144}\right]$$
$$=6\left[\left(x-\frac{7}{12}\right)^{2}-\left(\frac{11}{12}\right)^{2}\right]$$

$$=6\left(x-\frac{7}{12}-\frac{11}{12}\right)\left(x-\frac{7}{12}+\frac{11}{12}\right)$$
$$=6\left(x-\frac{3}{2}\right)\left(x+\frac{1}{3}\right)$$
$$=2\left(x-\frac{3}{2}\right)3\left(x+\frac{1}{3}\right)$$
$$=(2x-3)(3x+1).$$

最后把原来析出来的因数 6 分成两个因数 2 和 3 乘到括号里面去把分数消掉．但有时也不一定能把括号里面的分数消掉．

依照这个例子的步骤，我们来析 ax^2+bx+c 的因式．

（1）把 x^2 的系数 a 作为各项的共同因数析出来，

$$ax^2+bx+c=a\left(x^2+\frac{b}{a}x+\frac{c}{a}\right).$$

（2）把括号里第一项、第二项加上 x 的系数的一半的平方，同时又把它减掉，

$$ax^2+bx+c=a\left(x^2+\frac{b}{a}x+\frac{b^2}{4a^2}-\frac{b^2}{4a^2}+\frac{c}{a}\right)$$
$$=a\left[\left(x+\frac{b}{2a}\right)^2-\frac{b^2-4ac}{4a^2}\right]$$
$$=a\left[\left(x+\frac{b}{2a}\right)^2-\left(\frac{\sqrt{b^2-4ac}}{2a}\right)^2\right]$$
$$=a\left(x+\frac{b}{2a}-\frac{\sqrt{b^2-4ac}}{2a}\right)\left(x+\frac{b}{2a}+\frac{\sqrt{b^2-4ac}}{2a}\right)$$
$$=a\left(x+\frac{b-\sqrt{b^2-4ac}}{2a}\right)\left(x+\frac{b+\sqrt{b^2-4ac}}{2a}\right).$$

这个结果，就是将一般二次三项式析因式的基本公式．

〔例 1〕析 $6x^2+5x-4$ 的因式.

这里 $a=6$，$b=5$，$c=-4$.

$$\therefore\ 6x^2+5x-4$$

$$=6\left(x+\frac{5-\sqrt{5^2-4\times6\times(-4)}}{2\times6}\right)\left(x+\frac{5+\sqrt{5^2-4\times6\times(-4)}}{2\times6}\right)$$

$$=6\left(x+\frac{5-\sqrt{121}}{12}\right)\left(x+\frac{5+\sqrt{121}}{12}\right)$$

$$=6\left(x+\frac{5-11}{12}\right)\left(x+\frac{5+11}{12}\right)$$

$$=6\left(x-\frac{1}{2}\right)\left(x+\frac{4}{3}\right)$$

$$=2\left(x-\frac{1}{2}\right)3\left(x+\frac{4}{3}\right)$$

$$=(2x-1)(3x+4)\ .$$

〔例 2〕析 $2x^2-4x+1$ 的因式.

这里 $a=2$，$b=-4$，$c=1$.

$$\therefore\ 2x^2-4x+1$$

$$=2\left(x+\frac{-4-\sqrt{(-4)^2-4\times2\times1}}{2\times2}\right)\left(x+\frac{-4+\sqrt{(-4)^2-4\times2\times1}}{2\times2}\right)$$

$$=2\left(x+\frac{-4-\sqrt{8}}{4}\right)\left(x+\frac{-4+\sqrt{8}}{4}\right)$$

$$=2\left(x-\frac{4+2\sqrt{2}}{4}\right)\left(x-\frac{4-2\sqrt{2}}{4}\right)$$

$$=2\left(x-\frac{2+\sqrt{2}}{2}\right)\left(x-\frac{2-\sqrt{2}}{2}\right)\ .$$

31.【三次二项式的因式】由乘法，

$$(a+b)(a^2-ab+b^2)=a^3+b^3,$$

$$(a-b)(a^2+ab+b^2)=a^3-b^3.$$

反过来，就是：

$$a^3+b^3=(a+b)(a^2-ab+b^2).$$

$$a^3-b^3=(a-b)(a^2+ab+b^2).$$

这两个式子形式都很整齐，最重要的是记住其中负号的位置.

〔例 1〕析 $8x^3-27y^3$ 的因式.

$$\begin{aligned}8x^3-27y^3&=(2x)^3-(3y)^3\\&=(2x-3y)\left[(2x)^2+(2x)(3y)+(3y)^2\right]\\&=(2x-3y)(4x^2+6xy+9y^2).\end{aligned}$$

〔例 2〕析 $64a^3+1$ 的因式.

$$\begin{aligned}64a^3+1&=(4a)^3+1^3\\&=(4a+1)\left[(4a)^2-(4a)\times1+1^2\right]\\&=(4a+1)(16a^2-4a+1).\end{aligned}$$

〔例 3〕析 $343a^6-27b^3$ 的因式.

$$\begin{aligned}343a^6-27b^3&=(7a^2)^3-(3b)^3\\&=(7a^2-3b)\left[(7a^2)^2+(7a^2)(3b)+(3b)^2\right]\\&=(7a^2-3b)(49a^4+21a^2b+9b^2).\end{aligned}$$

〔例 4〕析 x^6-y^6 的因式.

$$\begin{aligned}x^6-y^6&=(x^3)^2-(y^3)^2\\&=(x^3-y^3)(x^3+y^3)\end{aligned}$$

$$=(x-y)(x^2+xy+y^2)(x+y)(x^2-xy+y^2)$$
$$=(x-y)(x+y)(x^2+xy+y^2)(x^2-xy+y^2).$$

〔例 5〕析 $x^3p^2-8y^3p^2-4x^3q^2+32y^3q^2$ 的因式.

$$x^3p^2-8y^3p^2-4x^3q^2+32y^3q^2$$
$$=p^2(x^3-8y^3)-4q^2(x^3-8y^3)$$
$$=(p^2-4q^2)(x^3-8y^3)$$
$$=\left[p^2-(2q)^2\right]\left[x^3-(2y)^3\right]$$
$$=(p-2q)(p+2q)(x-2y)(x^2+2xy+4y^2).$$

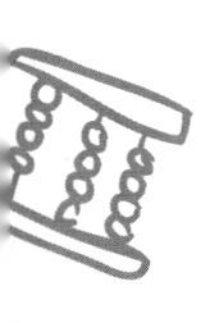

10 两个重要的多项式的因式

32.【三次式 $a^3+b^3+c^3-3abc$ 的因式】由乘法:

$$
\begin{aligned}
&(a+b+c)(a^2+b^2+c^2-ab-bc-ca)\\
&=a(a^2+b^2+c^2-ab-bc-ca)+b(a^2+b^2+c^2-ab-bc-ca)\\
&\quad +c(a^2+b^2+c^2-ab-bc-ca)\\
&=a^3+ab^2+ac^2-a^2b-abc-ca^2\\
&\quad +a^2b+b^3+bc^2-ab^2-b^2c-abc\\
&\quad +ca^2+b^2c+c^3-abc-bc^2-c^2a\\
&=a^3+b^3+c^3-3abc.
\end{aligned}
$$

反过来，就是:

$$a^3+b^3+c^3-3abc=(a+b+c)(a^2+b^2+c^2-ab-bc-ca).$$

这个式子左边是 a，b，c 的三次四项齐次式，右边是它们的一次齐次式和一个二次齐次式.

由这个式子还可推出:

若 $a+b+c=0$，

则 $a^3+b^3+c^3-3abc=(a+b+c)(a^2+b^2+c^2-ab-bc-ca)=0$.

$\therefore\ a^3+b^3+c^3=3abc$.

例如$a=4$，$b=-6$，$c=2$，则$a+b+c=0$．

而$a^3+b^3+c^3=4^3+(-6)^3+2^3=64-216+8$

$=-144=3\times4\times(-6)\times2$．

〔例1〕析$x^3-y^3+z^3+3xyz$的因式．

$$x^3-y^3+z^3+3xyz$$
$$=x^3+(-y)^3+z^3-3x(-y)z$$
$$=(x-y+z)(x^2+y^2+z^2+xy+yz-zx)．$$

〔例2〕析$x^3-8y^3-27-18xy$的因式．

$$x^3-8y^3-27-18xy$$
$$=x^3+(-2y)^3+(-3)^3-3x(-2y)(-3)$$
$$=(x-2y-3)(x^2+4y^2+9+2xy-6y+3x)．$$

33.【四次三项式$a^4+a^2b^2+b^4$的因式】

$$a^4+a^2b^2+b^4=a^4+2a^2b^2+b^4-a^2b^2$$
$$=(a^2+b^2)^2-(ab)^2$$
$$=(a^2-ab+b^2)(a^2+ab+b^2)．$$

〔例〕析x^4+x^2+1的因式．

$$x^4+x^2+1=x^4+x^2\times1^2+1^4=(x^2-x+1)(x^2+x+1)．$$

11 n 次多项式的因式

34.x 的 n 次多项式可以化成这样的形式：

$$f(x)=a_0x^n+a_1x^{n-1}+a_2x^{n-2}+\cdots+a_{n-1}x+a_n\ .$$

35.【余数定理】用 $x-b$ 除 x 的 n 次多项式 $f(x)$ 的余数等于 $f(b)$.

设 $x-b$ 除 $f(x)$ 的商是 $\phi(x)$，余数是 R，依照除法的定义，则

$$f(x)=\phi(x)(x-b)+R\ .$$

这是一个互等式，就是无论 x 的值怎样，它都是成立的. 若 x 等于 b，则

$$f(b)=\phi(b)(b-b)+R=R\ .$$

这就证明了本定理.

上面的式子中，若 $R=0$，即 $f(b)=0$，则

$$f(x)=\phi(x)(x-b)\ .$$

这就是说：

x 的 n 次多项式 $f(x)$，若 $f(b)=0$，则它必定含有一个因式 $(x-b)$.

这个定理对于析因式非常重要.

36.【综合除法】若 $f(x)=a_0x^n+a_1x^{n-1}+a_2x^{n-2}+\cdots+a_{n-1}x+a_n$，则 $f(b)=a_0b^n+a_1b^{n-1}+a_2b^{n-2}+\cdots+a_{n-1}b+a_n$. 要由这样进行计算来看 $f(b)$ 是不是等于零，从而决定 $(x-b)$ 是不是 $f(x)$ 的一个因式；这是相当有难

度的．并且如果判定了（$x-b$）是$f(x)$的一个因式，还要找出另外一个因式来，一般的情况下也是相当有难度的．所以我们最好用综合除法．

〔例1〕析$f(x)=x^3-5x+4$的因式．

因$f(x)$的最高次项x^3的系数是1，若它有$x-b$这样形式的因式，b只能是绝对项的因数 ±1，±2，±4 当中的一个．

我们用$+1$去试，$f(+1)=(+1)^3-5(+1)+4=0$．

这就判定，$f(x)$有一个因式是$(x-1)$．

在这里我们可以这样做：

$$\begin{aligned} f(x)=x^3-5x+4 &= x^3-x^2+x^2-x-4x+4 \\ &= x^2(x-1)+x(x-1)-4(x-1) \\ &= (x-1)(x^2+x-4) . \end{aligned}$$

若用综合除法做，那就是这样：

$$\begin{array}{l|l} 1+0-5+4 & \underline{1} \\ \quad +1+1-4 & \\ \hline 1+1-4 \quad 0 & \end{array}$$

最后一项余数是0，这就说$f(b)=0$，而各项的余数，便是$x-1$除$f(x)$的商各项的系数．

$$\therefore \quad f(x)=(x-1)(x^2+x-4) .$$

〔例2〕析$f(x)=3x^5-3x^4-13x^3-11x^2-10x-6$的因式．

若$f(x)$有（$x-b$）这样形式的因式，b必定是-6的因数 ±1，±2，±3，±6中的一个，$f(1)\neq0$，这是一看就可以知道的，所以先将-1来试．

$$\begin{array}{l|l} 3-3-13-11-10-6 & \underline{-1} \\ \quad -3+\ 6+\ 7+\ 4+6 & \\ \hline 3-6-\ 7-\ \ 4-\ 6 \quad 0 & \end{array}$$

由此知道$x-(-1)=x+1$是一个因式，再用-1去试．

$$\begin{array}{l|l} 3-6-7-4-6 & \underline{-1} \\ \quad -3+9-2+6 & \\ \hline 3-9+2-6 \quad 0 & \end{array}$$

由此知道还有一个因式是 $x+1$，再用 $+3$ 去试.

$$\begin{array}{l|l} 3-9+2-6 & 3 \\ \quad +9+0+6 & \\ \hline 3+0+2 \quad 0 & \end{array}$$

由此知道有一个因式是 $x-3$. 上面三式我们可以连起来写：

$$\begin{array}{l|l} 3-3-13-11-10-6 & -1 \\ \quad -3+6+7+4+6 & \\ \hline 3-6-7-4-6 \quad 0 & -1 \\ \quad -3+9-2+6 & \\ \hline 3-9+2-6 \quad 0 & 3 \\ \quad +9+0+6 & \\ \hline 3+0+2 \quad 0 & \end{array}$$

$$\therefore f(x)=(x+1)(x+1)(x-3)(3x^2+2)$$
$$=(x-3)(x+1)^2(3x^2+2).$$

〔例 3〕析 $f(x)=6x^4+5x^3+3x^2-3x-2$ 的因式.

因为这个式子的最高次项的系数不是1，它可能有（$ax-b$）这种形式的因式，但若有这样的因式，a 只能是6的因数 ±1，±2，±3，±6 中的一个，而 b 只能是2的因数 ±1，±2 中的一个. 所以 $\frac{b}{a}$ 只能是 $\frac{\pm1}{\pm1}=\pm1$，$\frac{\pm2}{\pm1}=\pm2$，$\frac{\pm1}{\pm2}=\pm\frac{1}{2}$，（$\frac{\pm2}{\pm2}=\pm1$）（这是重复的），$\frac{\pm1}{\pm3}=\pm\frac{1}{3}$，$\frac{\pm2}{\pm3}=\pm\frac{2}{3}$，$\frac{\pm1}{\pm6}=\pm\frac{1}{6}$，（$\frac{\pm2}{\pm6}=\pm\frac{1}{3}$）（这是重复的）中的一个. 用 $-\frac{1}{2}$ 去试.

$$\begin{array}{l|l} 6+5+3-3-2 & -\frac{1}{2} \\ \quad -3-1-1+2 & \\ \hline 6+2+2-4 \quad 0 & \end{array}$$

由此可知 $x+\frac{1}{2}$ 可以除尽 $f(x)$，所以有一个因式是 $2x+1$，而另外一个

因式是 $(6x^3+2x^2+2x-4)\times\frac{1}{2}=3x^3+x^2+x-2$. 用 $\frac{2}{3}$ 去试.

$$\begin{array}{r|l} 3+1+1-2 & \frac{2}{3} \\ +2+2+2 & \\ \hline 3+3+3\quad 0 & \end{array}$$

又知有一个因式是 $3x-2$，而另外一个因式是 $(3x^2+3x+3)\times\frac{1}{3}=x^2+x+1$，上面二式我们可以连起来写：

$$\begin{array}{r|l} 6+5+3-3-2 & -\frac{1}{2} \\ -3-1-1+2 & \\ \hline 6+2+2-4\quad 0 & \\ 3+1+1-2\quad & \frac{2}{3} \\ +2+2+2\quad & \\ \hline 3+3+3\quad 0 & \\ 1+1+1\quad & \end{array}$$

$\therefore\ f(x)=(2x+1)(3x-2)(x^2+x+1)$.

12 对称式和交代式的因式

37.【对称式】如 $a+b$，$a^2+2ab+b^2$，$a^3+3a^2b+3ab^2+b^3$，…这些含有两个字母的式子，把它所含的字母（如 a 和 b）互相交换，式子还是不改变. 这种式子就叫作对于这两个字母的**对称式**.

一般地，如 $a+b+c$，$3a^2+3b^2+3c^2+5ab+5bc+5ca$，$a^3+b^3+c^3-3abc$，…这些式子无论把哪两个字母互相交换，它还是不改变. 这种式子就叫作对于它所含的各个字母（如 a，b，c）的**对称式**.

38.【交代式】如 $a-b$，a^2-b^2，a^3-b^3，…，$(b-c)(c-a)(a-b)$，这些式子，若把两个字母互相交换则分别成为 $b-a=-(a-b)$，$b^2-a^2=-(a^2-b^2)$，$b^3-a^3=-(a^3-b^3)$，…$(a-c)(c-b)(b-a)=-(b-c)(c-a)(a-b)$，…都只改变一个正负号. 这种式子叫作对于这些字母（如 a 和 b 或 a，b 和 c）的**交代式**.

39.【轮换对称式】如 $a+b+c$，$ab+bc+ca$，$a^2b+a^2c+b^2a+b^2c+c^2a+c^2b$，…这些式子，轮流地同时把 a 换成 b，b 换成 c，c 换成 a，它还是不改变. 这种式子就叫作对于这些字母（如 a，b 和 c）的**轮换对称式**.

40.【三种式子的相互关系】

（1）对称式都是轮换对称式. 因为 a 和 b，b 和 c，c 和 a 分别互相交换它都不变，则同时将 a 换成 b，b 换成 c，c 换成 a，自然它也不会变.

（2）对称式和对称式的相乘积还是对称式．因为在两个因式中分别把两个字母同时互相交换，它们都不变，所以它们的相乘积也就不会变．

（3）交代式和交代式的相乘积是对称式．因为在两个因式中分别把两个字母同时互相交换，它们同时都变号．由于两个因式同时变号，它们的相乘积的符号并不会改变．

（4）对称式和交代式的相乘积是交代式．因为在两个因式中，分别把两个字母互相交换，对称式的符号不变而交代式的符号却变了．两个因式只有一个变符号，它们的相乘积也就跟着改变符号．

例如：

$$\underbrace{(a+b)}_{\text{对称式}}\underbrace{(a^2-ab+b^2)}_{\text{对称式}}=\underbrace{a^3+b^3}_{\text{对称式}}.$$

$$\underbrace{(a-b)}_{\text{交代式}}\underbrace{(a^2-b^2)}_{\text{交代式}}=\underbrace{(a-b)^2(a+b)}_{\text{对称式}}.$$

$$\underbrace{(a+b)}_{\text{对称式}}\underbrace{(a-b)}_{\text{交代式}}=\underbrace{a^2-b^2}_{\text{交代式}}.$$

我们要注意：（2），（3），（4）对于两个式子相除所得的商的关系也是一样的．

41. 两个字母 a，b 的齐次对称式的一般的形式是：

一次：$L(a+b)$，

二次：$L(a^2+b^2)+Mab$，

三次：$L(a^3+b^3)+Mab(a+b)$，

……

三个字母 a，b，c 的齐次对称式的一般的形式是：

一次：$L(a+b+c)$，

二次：$L(a^2+b^2+c^2)+M(bc+ca+ab)$，

三次：$L(a^3+b^3+c^3)+M\left[a^2(b+c)+b^2(c+a)+c^2(a+b)\right]+Nabc$，

……

上面各式中的 L，M，N 都是不含 a，b，c 的.

42.【析对称式和交代式的因式】

〔例 1〕析 $x^3(y-z)+y^3(z-x)+z^3(x-y)$ 的因式.

这个式子是 x，y，z 的四次齐次轮换对称式.

设 $y=z$，则 $x^3(y-z)+y^3(z-x)+z^3(x-y)$

$$=x^3(z-z)+z^3(z-x)+z^3(x-z)=0.$$

所以 $y-z$ 是它的一个因式，因此 $z-x$ 和 $x-y$ 各自也是它的一个因式. 而 $(y-z)(z-x)(x-y)$ 是它的因式. 但这只是三次齐次轮换式. 所以它还有一个一次齐次轮换式的因式，设为 $L(x+y+z)$，则

$$x^3(y-z)+y^3(z-x)+z^3(x-y)$$
$$=(y-z)(z-x)(x-y)L(x+y+z).$$

现在我们来求 L，它是不含 x，y，z 的. 我们有两种方法:

(1)任设三个数分别代入 x，y，z，如 $x=2$，$y=1$，$z=0$，则得

$$2^3(1-0)+1^3(0-2)+0^3(2-1)$$
$$=(1-0)(0-2)(2-1)L(2+1+0).$$

即 $6=-6L$，$\therefore L=-1$.

(2)比较两边同类项的系数，如 x^3y 的系数. 在左边的是 1（展开后的第一项），在右边的是 $-L$，所以 $L=-1$.

$$\therefore\ x^3(y-z)+y^3(z-x)+z^3(x-y)$$
$$=-(y-z)(z-x)(x-y)(x+y+z).$$

〔例 2〕析 $(x+y+z)^5-x^5-y^5-z^5$ 的因式.

这个式子是 x，y，z 的五次齐次对称式.

设 $x=-y$，则

$$(x+y+z)^5-x^5-y^5-z^5$$

$$=(-y+y+z)^5-(-y)^5-y^5-z^5$$
$$=z^5+y^5-y^5-z^5=0\ .$$

所以$x+y$是它的一个因式，因此$y+z$和$z+x$也各自是它的一个因式．而$(x+y)(y+z)(z+x)$是它的因式，这也是三次齐次对称式．所以它还有一个二次齐次对称式的因式，设为$L(x^2+y^2+z^2)+M(yz+zx+xy)$，则

$$(x+y+z)^5-x^5-y^5-z^5$$
$$=(x+y)(y+z)(z+x)\left[L(x^2+y^2+z^2)+M(yz+zx+xy)\right].$$

设$x=1$，$y=1$，$z=0$，得$15=2L+M$．

设$x=2$，$y=1$，$z=0$，得$35=5L+2M$．

解这个联立方程式得$L=5$，$M=5$．

$$\therefore\ (x+y+z)^5-x^5-y^5-z^5$$
$$=5(x+y)(y+z)(z+x)(x^2+y^2+z^2+yz+zx+xy).$$

〔例3〕析$(x+y+z)^3-(y+z-x)^3-(z+x-y)^3-(x+y-z)^3$的因式．

设$x=0$，则

$$(x+y+z)^3-(y+z-x)^3-(z+x-y)^3-(x+y-z)^3$$
$$=(y+z)^3-(y+z)^3-(z-y)^3-(y-z)^3=0\ .$$

所以x是它的一个因式，因此y和z各自也是它的一个因式．而xyz是它的因式．但这是三次式，原式也只是三次式，所以只能有常数因数了，设为k，则

$$(x+y+z)^3-(y+z-x)^3-(z+x-y)^3-(x+y-z)^3=kxyz.$$

设$x=1$，$y=1$，$z=1$，则得

$$3^3-1^3-1^3-1^3=k,\ \therefore k=24.$$
$$\therefore\ (x+y+z)^3-(y+z-x)^3-(z+x-y)^3-(x+y-z)^3=24xyz.$$

43.【a^n+b^n的因式】这是一个a和b的n次齐次对称式，n是正整数，

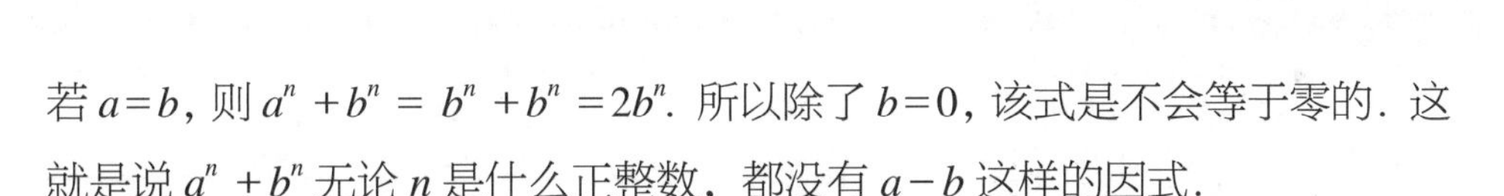

若 $a=b$，则 $a^n+b^n=b^n+b^n=2b^n$. 所以除了 $b=0$，该式是不会等于零的. 这就是说 a^n+b^n 无论 n 是什么正整数，都没有 $a-b$ 这样的因式.

设 $a=-b$，则 $a^n+b^n=(-b)^n+b^n$. 若 $(-b)^n=-b^n$，这个结果就等于零. 但只有 n 是奇数时，$(-b)^n=-b^n$. 这就是说，n 是奇数的时候，它总有 $a+b$ 这样的因式. 例如：

$$a+b=(a+b)\times 1,$$
$$a^3+b^3=(a+b)(a^2-ab+b^2),$$
$$a^5+b^5=(a+b)(a^4-a^3b+a^2b^2-ab^3+b^4),$$
$$a^7+b^7=(a+b)(a^6-a^5b+a^4b^2-a^3b^3+a^2b^4-ab^5+b^6),$$
$$\cdots$$

第二个因式也是 a 和 b 的齐次对称式，比原式少一次，并且各项的系数是 $+1$ 和 -1 相间的.

44.【a^n-b^n 的因式】这是一个 a 和 b 的 n 次齐次交代式. 若 $a=b$，则 $a^n-b^n=b^n-b^n=0$. 这就是说，无论 n 是奇数或偶数，它总有一个 $a-b$ 这样的因式. 例如：

$$a-b=(a-b)\times 1,$$
$$a^2-b^2=(a-b)(a+b),$$
$$a^3-b^3=(a-b)(a^2+ab+b^2),$$
$$a^4-b^4=(a-b)(a+b)(a^2+b^2),$$
$$a^5-b^5=(a-b)(a^4+a^3b+a^2b^2+ab^3+b^4),$$
$$a^6-b^6=(a-b)(a+b)(a^2-ab+b^2)(a^2+ab+b^2),$$
$$a^7-b^7=(a-b)(a^6+a^5b+a^4b^2+a^3b^3+a^2b^4+ab^5+b^6),$$
$$\cdots$$

这样，还可以看出来，n 是奇数的时候，只有 $a-b$ 这样的一个一次因式，而它是一个交代式. 第二个因式，也是 a 和 b 的齐次对称式，并且比原式少一次.

n 若是偶数，则 $a^n-b^n=(-b)^n-b^n=b^n-b^n=0$，所以还有 $a+b$ 这样的一个因式．至于其他的因式，就要看 n 的其他条件了．

设 $n=2m$，则

$$
\begin{aligned}
a^n-b^n&=a^{2m}-b^{2m}=\left(a^2\right)^m-\left(b^2\right)^m\\
&=\left(a^2-b^2\right)\left[\left(a^2\right)^{m-1}+\left(a^2\right)^{m-2}\left(b^2\right)+\cdots+\left(a^2\right)\left(b^2\right)^{m-2}+\left(b^2\right)^{m-1}\right]\\
&=\left(a-b\right)\left(a+b\right)\left[\left(a^2\right)^{m-1}+\cdots+\left(b^2\right)^{m-1}\right].
\end{aligned}
$$

13 最高公因式和最低公倍式

45.【公因式和最高公因式】几个式子共同的因式叫作它们的**公因式**，如$6xy^2z$的因式是$2x$，$3x$，$6x$，$2y$，$3y$，$6y$，$2z$，$3z$，$6z$，$2xy$，$3xy$，$6xy$，$2xy^2$，$3xy^2$，$6xy^2$，…，$2xy^2z$；又如$8x^2y^3z^2$的因式是$2x$，$4x$，$8x$，$2y$，$4y$，$8y$，$2z$，$4z$，$8z$，$2xy$，$4xy$，$8xy$，$2xy^2$，$4xy^2$，$8xy^2$，…，$2xy^2z$，$4xy^2z$，…其中$2x$，$2y$，$2z$，$2xy$，$2xy^2$，…，$2xy^2z$，都是两个式子的公因式.

几个式子的公因式中，次数最高的一个叫作它们的**最高公因式**. 我们用$H.C.F.$代表它，$2xy^2z$便是$6xy^2z$和$8x^2y^3z^2$的最高公因式.

一个式子的次数虽然高，它的数值不一定就大. 如$2xy^2$只是三次式，而$2xy^2z$却是四次式；但在$x=\frac{1}{2}$，$y=\frac{1}{4}$，$z=\frac{1}{10}$的时候，$2xy^2=2\times\frac{1}{2}\times(\frac{1}{4})^2=\frac{1}{16}$，而$2xy^2z=2\times\frac{1}{2}\times(\frac{1}{4})^2\times\frac{1}{10}=\frac{1}{160}$，却比$\frac{1}{16}$小. 因此，代数中的公因式只能由次数比较取最高的.

46.【求最高公因式法】代数中求最高公因式的方法同算术中求最大公约数的方法一样，也有两种.

第一种就是析因式法，先把要求最高公因式的各个式子析成因式的连乘积.

再把各个式子公有的因式提出来相乘，就是所求的最高公因式. 若同一个因式在各个式子中的次数不相同，只取次数最低的.

〔例 1〕求 $35a^3b^2c^3$，$42a^3cb^2$ 和 $30a^3b^2c^3$ 的 $H.C.F.$.

$\because\ 35a^3b^2c^3=5\times7a^3b^2c^3$，$42a^3cb^2=2\times3\times7a^3b^2c$，

和 $30a^3b^2c^3=2\times3\times5a^3b^2c^3$

$\therefore\ H.C.F.=a^3b^2c.$

〔例 2〕求 $ax^2+2a^2x+a^3$，$2ax^2-4a^2x-6a^3$ 和 $3(ax+a^2)^2$ 的 $H.C.F.$.

$\because\ ax^2+2a^2x+a^3=a(x^2+2ax+a^2)=a(x+a)^2$，

$2ax^2-4a^2x-6a^3=2a(x^2-2ax-3a^2)=2a(x+a)(x-3a)$，

和 $3(ax+a^2)^2=3[a(x+a)]^2=3a^2(x+a)^2$.

$\therefore\ H.C.F.=a(x+a).$

〔例 3〕求 x^3-1 和 x^4+x^2+1 的 $H.C.F.$.

$\because\ x^3-1=(x-1)(x^2+x+1)$，

和 $x^4+x^2+1=(x^2-x+1)(x^2+x+1).$

$\therefore\ H.C.F.=x^2+x+1$.

47.【第二种也是辗转相除法】和第 15 页所说的求两个数的最大公约数的方法完全一样，只是用次数低的式子去除次数高的式子罢了，这里我们给它一个证明.

设我们要求 A 和 B 两个式子的 $H.C.F.$，B 的次数不高于 A 的次数．辗转相除的过程如下：

$$
\begin{array}{l}
B\,)\,A\ \ (Q_1\\
\quad\ \underline{BQ_1}\\
\quad\ \ R_1\,)\,B\ \ (Q_2\\
\qquad\quad\ \underline{R_1Q_2}\\
\qquad\quad\ \ R_2\,)\,R_1\ \ (Q_3\\
\qquad\qquad\quad \underline{R_2Q_3}\\
\qquad\qquad\quad\ R_3\,)\,R_2\ \ (Q_4\\
\qquad\qquad\qquad\quad \underline{R_3Q_4}\\
\qquad\qquad\qquad\quad\ \ R_4
\end{array}
$$

Q_1，Q_2，Q_3 和 Q_4 是各次的商式. R_1，R_2，R_3 和 R_4 是各次的除式.

第一，在除法中，余式的次数总比除式的要低，所以就次数说，R_4 低于 R_3，R_3 低于 R_2，R_2 低于 R_1，而 R_1 低于 B.

这就是说，各次余式 R_1，R_2，R_3 和 R_4 的次数是逐渐减低下来的. 若 A 和 B 都是 x 的多项式，最后只剩两种情形，或是零或是一个非零数.

先看 $R_n = 0$.

由除法的性质，我们知道：

$$A = BQ_1 + R_1,$$

$$B = R_1Q_2 + R_2,$$

$$R_1 = R_2Q_3 + R_3,$$

$$R_2 = R_3Q_4 + R_4.$$

$$\because\ R_4 = 0,$$

$$\therefore\ R_2 = R_3Q_4.$$

这就是说，R_3 是 R_2 的因式.

但 $R_1 = R_2Q_3 + R_3$,

所以 R_3 既是 R_2 的因式，也是 R_1 的因式，并且也就是 R_1 和 R_2 的公因式.

又 $B = R_1Q_2 + R_2$,

所以 R_3 既是 R_1 和 R_2 的公因式，也是 B 的因式，并且也就是 B 和 R_1 的公因式.

又 $A = BQ_1 + R_1$,

所以 R_3 既是 B 和 R_1 的公因式，也是 A 的因式，并且也就是 A 和 B 的公因式.

反过来说，A 和 B 的公因式必须是 R_1 的因式，也就是 B 和 R_1 的公因式. 因此必须是 R_2 的因式，也就是 R_1 和 R_2 的公因式. 因此必须是 R_3 的因式.

这就是说，若 $R_4 = 0$，则（i）R_3 是 A 和 B 的公因式和（ii）A 和 B 的最高公因式必是 R_3 的因式. 但 R_3 的最高因式就是它自己 R_3.

所以 R_3 最后的除式，就是 A 和 B 两个式子的 $H.C.F.$.

其次，若 $R_n \neq 0$ 而是一个非零数，那么，由 $R_2 = R_3Q_4 + R_4$ 就可以知道 R_2 和 R_3 没有公因式. 倒推上去，R_2 和 R_1 也没有公因式，R_1 和 B 也没有公因式，而 B 和 A 也没有公因式，既然没有公因式，当然也就没有所谓最高公因式了.

〔例 1〕求 x^2-4x+3 和 $4x^3-9x^2-15x+18$ 的 $H.C.F.$.

	B	A	
$Q_2 \cdots\cdots x-1$	x^2-4x+3	$4x^3-9x^2-15x+18$	$4x+7 \cdots\cdots Q_1$
	x^2-3x	$4x^3-16x^2+12x$	
	$-x+3$	$7x^2-27x+18$	
	$-x+3$	$7x^2-28x+21$	
	0	$R_1 \cdots\cdots x-3$	

$\therefore\ H.C.F. = x-3$.

〔例 2〕求 x^3+x^2+2x+2 和 x^3+2x^2+3x+2 的 $H.C.F.$.

	B	A	
$Q_2 \cdots\cdots x^2+2$	x^3+x^2+2x+2	x^3+2x^2+3x+2	$1 \cdots\cdots Q_1$
	x^3+x^2	$x^3+\ \ x^2+2x+2$	
	$2x+2$	$x\,\underline{\vert\, x^2+x \cdots R_1}$	
	$2x+2$	$x+1$	
	0		

$\therefore\ H.C.F. = x+1$.

注意

R_1 有一个因式 x，但它不是 B 的因式，也就不是它们的公因式，当然也就不是 A 和 B 的公因式. 因此先用它去除 R_1 对于所要求的最高公因式没有什么影响，但计算就可以比较简便，这种方法在辗转相除的哪一个阶段都可以用.

〔例 3〕求 $x^4+3x^3+2x^2+3x+1$ 和 $2x^3+5x^2-x-1$ 的 $H.C.F.$.

	B	A	
$Q_2\cdots 2$	$2x^3+5x^2-x-1$	$x^4+3x^3+2x^2+3x+1$	
	$2x^3+10x^2+14x+4$	$\times 2$	
	$-5 \mid -5x^2-15x-5$	$2x^4+6x^3+4x^2+6x+2$	$x\cdots Q_1$
	$R_2\cdots x^2+3x+1$	$2x^4+5x^3-x^2-x$	
		$R_1\cdots x^3+5x^2+7x+2$	$x+2\cdots Q_3$
		x^3+3x^2+x	
		$2x^2+6x+2$	
		$2x^2+6x+2$	
		0	

$\therefore\ H.C.F.=x^2+3x+1$.

注意

因 B 的第一项的系数是 2，而 A 的是 1，相除得 $\frac{1}{2}$ 是一个分数，计算起来不方便，而 2 又不是 B 的因数，用它去乘 A，不会影响到 A 和 B 的公因数，计算起来就比较方便，这种方法也是无论哪一个阶段都可以用的.

48.【公倍式和最低公倍式】几个式子共同的倍式叫作它们的**公倍式**. 如 x^8-a^8，x^6-a^6 和 x^4-a^4 都是 x^2-a^2 的倍式，也都是 $x-a$ 的倍式，它们就是 x^2-a^2 和 $x-a$ 两个式子的公倍式. 而几个式子的公倍式的倍式，也都是它们的公倍式，如 $x(x^4-a^4)$，$(x+a)(x^4-a^4)$，$xy(x^4-a^4)$，…都是 x^2-a^2 和 $x-a$ 的公倍式. 所以几个式子的公倍式的个数是无穷的. 几个式子的公倍式中次数最低的一个叫作它们的**最低公倍式**. 最小公倍数和最低公倍式的区别和最大公约数和最高公因式的区别一样. 最低公倍式的符号是 $L.C.M.$.

求几个式子的最低公倍式的方法同求几个数的最小公倍数的方法一样，

也有两种.

49.【析因式法】

〔例 1〕求 x^3+y^3，x^3-y^3 和 $x^4+x^2y^2+y^4$ 的 $L.C.M.$.

$\because\ x^3+y^3=(x+y)(x^2-xy+y^2)$,

$x^3-y^3=(x-y)(x^2+xy+y^2)$,

和 $x^4+x^2y^2+y^4=(x^2-xy+y^2)(x^2+xy+y^2)$.

$$\therefore\ L.C.M.=(x+y)(x^2-xy+y^2)(x-y)(x^2+xy+y^2)$$
$$=(x^3+y^3)(x^3-y^3)$$
$$=x^6-y^6.$$

〔例 2〕求 $x^2-(y+z)^2$，$y^2-(z+x)^2$ 和 $z^2-(x+y)^2$ 的 $L.C.M.$.

$\because\ x^2-(y+z)^2=(x-y-z)(x+y+z)$,

$y^2-(z+x)^2=(y-z-x)(x+y+z)$,

和 $z^2-(x+y)^2=(z-x-y)(x+y+z)$.

$$\therefore\ L.C.M.=(x+y+z)(x-y-z)(y-z-x)(z-x-y).$$

50.【先求最高公因式法】要求两个式子的最低公倍式，可先求它们的最高公因式，然后用这个求得的最高公因式去除它们中的一个再和另外一个相乘.

求三个以上式子的最低公倍式，用这种方法，只能先求两个式子的最低公倍式，然后用它来和第三个式子求最低公倍式，然后又用所得的最低公倍式再和第四个式子求最低公倍式. 这样一步一步地推下去，直到最后一个式子为止.

〔例 1〕求 $x^4+3x^3+2x^2+3x+1$ 和 $4x^3+10x^2-2x-2$ 的 $L.C.M.$.

先用辗转相除法求这两个式子的 $H.C.F.$.

商			商
2	$4x^3+10x^2-2x-2$	$x^4+3x^3+2x^2+3x+1$	
	$4x^3+20x^2+28x+8$	$\times 4$	
-10	$-10x^2-30x-10$	$4x^4+12x^3+8x^2+12x+4$	x
	x^2+3x+1	$4x^4+10x^3-2x^2-2x$	
		$2x^3+10x^2+14x+4$	$2x+4$
		$2x^3+6x^2+2x$	
		$4x^2+12x+4$	
		$4x^2+12x+4$	
		0	

$\therefore\ H.C.F.=x^2+3x+1$.

而 $L.C.M.=\dfrac{4x^3+10x^2-2x-2}{x^2+3x+1}\times(x^4+3x^3+2x^2+3x+1)$

$=2(2x-1)(x^4+3x^3+2x^2+3x+1)$.

〔例2〕求 $A=x^4+3x^3+2x^2+3x+1$，$B=2x^3+5x^2-x-1$ 和 $C=2x^3-3x^2+2x-3$ 的 $L.C.M.$.

因为 $B=2x^3+5x^2-x-1=\dfrac{1}{2}(4x^3+10x^2-2x-2)$，而2不是 A 的因数；所以由例1知道 A 和 B 的 $L.C.M.$ 是 $(2x-1)(x^4+3x^3+2x^2+3x+1)=(2x-1)A$.

但由除法可以知道 $2x-1$ 不是 C 的因式，所以只要先求 A 和 C 的最低公倍式. 用辗转相除法：

$$
\begin{array}{r|r|r|l}
2x-3 & 2x^3-3x^2+2x-3 & x^4+3x^3+2x^2+3x+1 & \\
 & 2x^3\qquad+2x & \times 2 & \\
\hline
 & -3x^2\qquad-3 & 2x^4+6x^3+4x^2+6x+2 & x \\
 & -3x^2\qquad-3 & 2x^4-3x^3+2x^2-3x\qquad & \\
\cline{2-3}
 & 0 & 9x^3+2x^2+9x+2 & \\
 & & \times 2 & \\
\cline{3-3}
 & & 18x^3+4x^2+18x+4 & 9 \\
 & & 18x^3-27x^2+18x-27 & \\
\cline{3-3}
 & & 31\,|\,31x^2\qquad+31 & \\
 & & x^2\qquad+1 &
\end{array}
$$

$\therefore\ H.C.F. = x^2+1$.

而 $L.C.M. = \dfrac{2x^3-3x^2+2x-3}{x^2+1}\times(x^4+3x^3+2x^2+3x+1)$

$= (2x-3)(x^4+3x^3+2x^2+3x+1)$.

所以A，B和C的$L.C.M.$是$(2x-1)(2x-3)(x^4+3x^3+2x^2+3x+1)$.

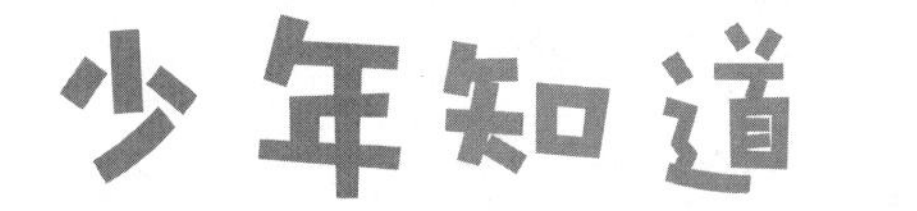

小学生彩绘版 / 题解版 / 思维导图版

《爷爷的爷爷哪里来》	小学生彩绘版	贾兰坡 / 著
《书的故事》	小学生彩绘版	[苏] 伊林 / 著　王鑫淼 / 译
《高士其科普童话故事》	小学生彩绘版	高士其 / 著
《给孩子的数学故事》	经典题详解版	周远方 / 著
《给孩子的音乐故事》	古典音乐原声版	田可文 / 著
《孔子的故事》	小学生彩绘版	李长之 / 著
《居里夫人的故事》	小学生彩绘版	[英] 埃列娜 · 杜尔利 / 著　杨柳 / 译
《雷锋的故事》	小学生彩绘版	杜蕾 / 编著
《少年思维导图》	小学生图解版	尚阳 / 著
《希腊神话与英雄传说》	小学生思维导图版	[德] 古斯塔夫 · 施瓦布 / 著　高中甫 / 译
《物种起源》	小学生图解版	[英] 查尔斯 · 达尔文 / 著　任辉 / 编著
《十万个为什么：屋内旅行记》	小学生彩绘版	[苏] 米 · 伊林 / 著　王鑫淼 / 译
《小灵通漫游未来》	小学生彩绘版	叶永烈 / 著
《元素的故事》	小学生彩绘版	[苏] 依 · 尼查叶夫 / 著　滕砥平 / 译
《穿过地平线》	小学生思维导图版	李四光 / 著
《细菌世界历险记》	小学生思维导图版	高士其 / 著

初中生彩绘版 / 实验版 / 思维导图版

《李白》	初中生彩绘版	李长之 / 著
《趣味物理学 1》	初中生实验版	[苏] 雅科夫 · 伊西达洛维奇 · 别莱利曼 / 著　王鑫淼 / 译
《趣味物理学 2》	初中生实验版	[苏] 雅科夫 · 伊西达洛维奇 · 别莱利曼 / 著　王鑫淼 / 译
《上下五千年》	初中生思维导图版	吕思勉 / 著
《趣味物理实验》	初中生彩绘版	[苏] 雅科夫 · 伊西达洛维奇 · 别莱利曼 / 著　王鑫淼 / 译
《趣味力学》	初中生彩绘版	[苏] 雅科夫 · 伊西达洛维奇 · 别莱利曼 / 著　王鑫淼 / 译
《极简趣味化学史》	初中生彩绘版	叶永烈 / 著
《文章作法》	初中生彩绘版	夏丏尊　刘薰宇 / 著
《做数学的朋友：给孩子的数学四书 . 数学的园地》	初中生彩绘版	刘薰宇 / 著
《做数学的朋友：给孩子的数学四书 . 数学趣味》	初中生彩绘版	刘薰宇 / 著
《做数学的朋友：给孩子的数学四书 . 因数和因式》	初中生彩绘版	刘薰宇 / 著
《做数学的朋友：给孩子的数学四书 . 马先生谈算学》	初中生彩绘版	刘薰宇 / 著

图书在版编目（CIP）数据

做数学的朋友：给孩子的数学四书. 因数和因式 / 刘薰宇著. -- 北京：中国致公出版社，2023
（少年知道）
ISBN 978-7-5145-2035-4

Ⅰ. ①做… Ⅱ. ①刘… Ⅲ. ①数学 - 青少年读物 Ⅳ. ①O1-49

中国版本图书馆CIP数据核字(2022)第210349号

做数学的朋友：给孩子的数学四书. 因数和因式 / 刘薰宇 著
ZUO SHUXUE DE PENGYOU：GEI HAIZI DE SHUXUE SI SHU. YINSHU HE YINSHI

出　版	中国致公出版社 （北京市朝阳区八里庄西里100号住邦2000大厦1号楼西区21层）
出　品	湖北知音动漫有限公司 （武汉市东湖路179号）
发　行	中国致公出版社（010-66121708）
作品企划	知音动漫图书・文艺坊
责任编辑	许子楷
责任校对	吕冬钰
装帧设计	秦天明
责任印制	程　磊
印　刷	武汉精一佳印刷有限公司
版　次	2023年3月第1版
印　次	2023年3月第1次印刷
开　本	710 mm × 1000 mm　1/16
印　张	4.75
字　数	66千字
书　号	ISBN 978-7-5145-2035-4
定　价	20.00元

x=3.1415926

x=3.1415926